SCHRIFTEN AUS DEM GESAMTGEBIET DER GEWERBEHYGIENE
HERAUSGEGEBEN VON DER DEUTSCHEN GESELLSCHAFT FÜR GEWERBEHYGIENE
IN FRANKFURT A. M., PLATZ DER REPUBLIK 49
===== HEFT 40 =====

Die Beiz-, Lackier- und Polierverfahren für Holz
ihre Gesundheitsgefahren und deren Verhütung

Im Auftrag des Technischen Ausschusses
der Deutschen Gesellschaft für Gewerbehygiene

bearbeitet von

J. Wenzel
Oberregierungs- und -gewerberat
Berlin

Mit einem Beitrag
Über einige Beiz-, Lackier- und Poliermittel
ihre Zusammensetzung und physiologische Wirkung

Von

Dr. Hans H. Weber und Dipl.-Ing. W. Gueffroy
Gewerbehygienisches Laboratorium des Reichsgesundheitsamtes
Berlin

Springer-Verlag Berlin Heidelberg GmbH
1932

ISBN 978-3-662-34356-2   ISBN 978-3-662-34627-3 (eBook)
DOI 10.1007/978-3-662-34627-3

Alle Rechte, insbesondere das der
Übersetzung in fremde Sprachen, vorbehalten.

Vorwort.

Unsere Kenntnis der gewerblichen Berufskrankheiten verdanken wir nicht zum mindesten den Bemühungen der Berufsverbände der Arbeitnehmer. Diese sind von jeher bestrebt gewesen, die besonderen Gefahren und Belästigungen, denen ihre Mitglieder infolge ihrer beruflichen Tätigkeit ausgesetzt sind, festzustellen und zu bekämpfen. Sie prüfen und sammeln dazu die ihnen zugehenden Mitteilungen und Beschwerden ihrer Mitglieder über Belästigungen oder Gesundheitsschädigungen durch die Art der Arbeit oder durch die Arbeitsstoffe und leiten sie einer ihnen geeignet erscheinenden Stelle zur weiteren Bearbeitung zu.

Auch die nachstehende Abhandlung über die Beiz-, Lackier- und Polierverfahren für Holz und ihre Gesundheitsgefahren verdankt einer Anregung des Deutschen Holzarbeiterverbandes ihre Entstehung. Der Verband hatte durch seine Mitglieder erfahren, daß zur Herstellung von Möbeln und Klavieren in zunehmendem Maße Beizen, Lacke und Polituren verwendet würden, deren Zusammensetzung nicht bekannt sei, und die oft mit den verschiedensten Namen bezeichnet würden. Sie enthielten u. a. Ketone, besonders Aceton, Benzol und andere Kohlenwasserstoffe und ätherische Lösungsmittel, die sämtlich mehr oder weniger gesundheitsschädlich seien. In zahlreichen Fällen würde von den damit beschäftigten Arbeitern über Kopfschmerzen, Übelkeit und andere Magenstörungen, aufsteigendes Hitzegefühl mit Kopfröte und Schwindel geklagt.

Der Deutsche Holzarbeiterverband ersuchte daher den Technischen Ausschuß der Deutschen Gesellschaft für Gewerbehygiene, sich mit dieser Frage zu beschäftigen und einerseits zu prüfen, ob und welche gesundheitsschädlichen Stoffe, die jetzt in den Beizen, Lacken oder Polituren enthalten sind, durch unschädliche Stoffe ersetzt werden können und andererseits festzustellen, welche Schutzmaßnahmen gegebenenfalls in Vorschlag gebracht werden können. Der Technische Ausschuß überwies den Antrag einem Sonderausschuß, dem unter Vorsitz des Herrn Oberregierungs- und -gewerberat Wenzel, Berlin, die Herren Oberingenieur Alvensleben, Berlin, Ansorge — Deutscher Holzarbeiterverband, Berlin, Dr. Prillwitz — I. G. Farbenindustrie AG., Ludwigshafen, O. Streine — Allgemeiner Deutscher Gewerkschaftsbund, Hamburg, Gewerberat a. D. Dr. Witt — Berufsgenossenschaft der chemischen Industrie, Berlin, und von Zastrow — Arbeitgeberverband der Holzindustrie und des Holzgewerbes, Berlin, angehörten. Dieser Sonderausschuß übertrug nach Erörterung und Prüfung des Antrages die weitere Sachbearbeitung Herrn Oberregierungs- und -gewerberat Wenzel, der gleichzeitig in freundlicher Weise die redaktionelle Zusammenstellung der Ergebnisse für die vorliegende Schrift übernahm. Daneben wurde die Untersuchung der physiologischen Wirkungen der zu den Beizen, Lacken und Polituren verwendeten Lösungsmittel auf Veranlassung des Ärztlichen Ausschusses der Gesellschaft in dem gewerbehygienischen Laboratorium des Reichsgesundheitsamts ausgeführt. Die Ergebnisse sind von den Herren Dr. H. Weber und Dipl.-Ingenieur W. Gueffroy bearbeitet und am Schluß der Arbeit in einem besonderen Abschnitt wiedergegeben.

Allen den Herren, die in bereitwilligster Weise ihre Zeit und Arbeit zur Verfügung gestellt haben, sei an dieser Stelle herzlich gedankt.

Frankfurt a. M., im Dezember 1931.
Berlin

Deutsche Gesellschaft für Gewerbehygiene.
Der Vorsitzende des Technischen Ausschusses:
Dr. Dr. med. h. c. Leymann,
Geheimer Oberregierungsrat.

Inhaltsverzeichnis.

Die Beiz-, Lackier- und Polier-Verfahren für Holz, ihre Gesundheitsgefahren und deren Verhütung. Von Oberregierungs- und g-ewerberat J. Wenzel-Berlin 1
    Die Beizverfahren 4
    Die Filmbildung auf dem Holz 8
    Das Lasieren 9
    Das Lackieren 10
    Die Harz-Öl-Lacke 11
    Die Spirituslacke 14
    Zelluloselacke 15
    Das Lackmattieren 18
    Das Polieren 19
    Die Gesundheitsgefahren 22
        Das Arbeitsklima. — Arbeitsweise, Haltung und Einstellung des Arbeiters.
    Die chemisch-physiologische Wirkung der benutzten Stoffe 26
        a) Die Harze. — b) Die pflanzlichen Öle. — c) Die Löse- und Verdünnungsmittel. — d) Die Weichmachungsmittel. — e) Die Schleifmittel.
    Die Explosions- und Feuersgefahr 34
    Merkblatt 35
    Ausblick 36

Über einige Beiz-, Lackier- und Poliermittel, ihre Zusammensetzung und physiologische Wirkung. Von Dr. Hans H. Weber-Berlin und Dipl.-Ing. W. Gueffroy-Berlin 38
    I. Lacke und Lacklösungsmittel 38
    II. Beizen 41
    III. Polituren 42
    IV. Spiritusse, Terpentine und Terpentinersatz 43
    Zusammenfassung 44

Die Beiz-, Lackier- und Polier-Verfahren für Holz, ihre Gesundheitsgefahren und deren Verhütung.
Von Oberregierungs- und -gewerberat J. Wenzel-Berlin.

Berufsgefahren bei der Holzbearbeitung und -veredelung sind seit Beginn der Arbeiterschutzbewegung bekannt. Zuerst galt das Bemühen der beteiligten Kreise in erster Linie der Bekämpfung der Unfallgefahren, die bei den schnellaufenden Holzbearbeitungsmaschinen, insbesondere Kreissägen, Abrichtemaschinen, Fräsen, recht groß sind. Von den Gesundheitsgefahren war es zunächst fast ausschließlich die Gefährdung durch den beim maschinellen Sägen, Hobeln, Schleifen und Fräsen auftretenden, wenn auch mehr durch seine Masse als durch Form oder chemische Zusammensetzung schädlichen Staub, die Abhilfe verlangte und fand, daneben natürlich die Gefährdung durch bleihaltige Farben, die beim Anstrich von Fenstern, Türen, Zäunen und Maßstäben, seltener von Möbeln, Anwendung fanden und noch finden. Auch den nicht allein durch Staub beeinflußten Gesundheitsverhältnissen in den Goldleistenfabriken und Vergoldereien wurde von den Gewerbeaufsichtsbeamten bereits vor dem Kriege nachgegangen (vgl. Jahresberichte der Gewerbeaufsichtsbeamten für 1913). Vereinzelt wurden weiter von den Gewerbeaufsichtsbeamten auch Gesundheitsschädigungen durch andere Stoffe bei der Holzbearbeitung und -veredelung beobachtet und durch fachärztliche Untersuchung der Erkrankten bestätigt, so z. B. bei der Verarbeitung von Buchsbaum und von verschiedenen ausländischen Hölzern, beim Durchtränken von Holz für Bahnschwellen, Telegraphenstangen u. dgl., bei der Verwendung einzelner Leimsorten und beim Polieren mit Schellack und vergälltem Spiritus. Während es im ersten Falle gewisse Alkaloide und ätherische Öle in den Hölzern sind, die die Herztätigkeit der Holzarbeiter beeinflussen, Übelkeit, Müdigkeit und Schwächegefühl hervorrufen oder Hauterkrankungen verursachen, sind es beim Durchtränken des Holzes Kresole, Phenole, Anthrazenöl, Bakelite, seltener Fluornatrium, Zinkchlorid, Kupfersulfat oder Sublimatlösungen, die in besonderen Fällen gesundheitlich ungünstig wirken können. Gesundheitsschädigungen durch Leim entstehen zuweilen dadurch, daß die althergebrachten Leimarten (tierischer Leim, Pflanzenproteinleim, Blutalbuminleim) in gelöstem und teigigem Zustand zu Mikrobenherden werden können, oder daß der aus Kasein, Kalk, Natron, Borax oder ähnlichen Stoffen bestehende Kaltleim auf die Haut stark ätzend wirkt, oder daß gewisse Leimarten zur Vertuschung von Verunreinigungen oder zur Beschwerung einen Zusatz von Bleiweiß haben, z. B. der weißgraue, sogenannte russische Leim. In der Hauptsache sind sie aber wohl durch zwei neuere Leimarten verursacht, durch den Pflanzenstärkeleim, dessen Beschwerung, Aufhellungs- und Konservierungsbestandteile gelegentlich zu

Hauterkrankungen führen — z. B. ein Leim, bei dem diese Mittel, Antimonoxyd, Natriumchlorid, schweflige Säure, Phenol, zusammen nur 1% (darunter Phenol 0,3%) ausmachen, — und durch die festen Leimfolien aus Teerprodukten oder Zelluloseestern, die zwischen Furnieren warm gepreßt werden und dabei schmelzen und abbinden. Auch das zur schnelleren Erhärtung des Fugenleims gelegentlich angewandte Verfahren, die zu verleimenden Flächen in 10%ige Formaldehydlösung zu tauchen, kann zu Hautrissen, Abschälung der Oberhaut und damit zu weiteren Hautschädigungen führen. Auf die mögliche Gefährdung durch Schellack und Schellackpolitur sowie durch vergällten Spiritus wird noch besonders einzugehen sein, da diese Stoffe in großem Umfang von jeher zum Lackieren und Polieren benutzt werden, und ihre Verwendung in engem Zusammenhang mit der zu erörternden Frage steht. Sie waren es, die schon im Jahre 1902 zu Klagen über die Gesundheitsverhältnisse der Möbelpolierer im Reichstag führten und Erlasse der Sozial- und Gewerbeministerien der Länder auslösten, die den Gewerbeaufsichtsbeamten die Beachtung dieser Gefahr nahelegten.

In den letzten Jahren sind nun, vor allem begünstigt durch das auch bei der Möbel- und Klavierfabrikation mehr und mehr aufkommende Spritzverfahren und das Streben nach Verkürzung der Trockenzeiten für Lacke und Polituren, weniger aus Geschmack- oder Moderücksichten, neue Beizen, Lacke und Polituren aufgekommen, die in erhöhtem Maße, wenn auch durchaus nicht in allen Fällen, zwar nicht lebenbedrohende, aber doch die Arbeiterschaft stark beunruhigende Gesundheitsbeeinträchtigungen hervorrufen. Der Deutsche Holzarbeiterverband hat daher den technischen Ausschuß der Deutschen Gesellschaft für Gewerbehygiene gebeten, dieser Frage seine besondere Aufmerksamkeit zuzuwenden und zu prüfen, welche schädlichen Bestandteile in den Beizen, Lacken oder Polituren vorhanden sind, welche gegebenenfalls ausgeschaltet oder durch weniger schädliche Stoffe ersetzt werden können, und welche Schutzmaßnahmen zweckmäßigerweise zur Einführung vorgeschlagen werden können.

Solche bei dem Deutschen Holzarbeiterverband von Mitgliedern vorgebrachte Klagen waren z. B.:

Betrieb a: Sehr starker Geruch eines Spritzlacks, der zu Kopfschmerzen und Übelkeit führt.

Betrieb b: Bei verschiedenen, mit Polieren beschäftigten jungen Arbeiterinnen tritt nach heftigem Jucken Schwellung und Wundsein der Finger auf; nach der mehrere Wochen erfordernden Heilung tritt die Schädigung sehr schnell wieder ein. Ältere Arbeiterinnen klagen nur über starkes Jucken. Als Ursache wird das Vergällungsmittel des Spiritus angesehen.

Betriebe c u. d: Verschiedene verwendete Beizen führen bei vereinzelten Arbeitern zu Ekzemen.

Betrieb e: Bei Verwendung einer Gerbvorbeize klagen die Arbeiter über Kopf- und Leibschmerzen und einen widerlichen Geschmack im Munde.

Betrieb f: In einer Klavierfabrik führt ein sogenannter Mahagonilack bei den beteiligten Arbeitern zu Kopfschmerzen, Müdigkeit, Herzklopfen, unstillbarem Durstgefühl.

Betrieb g: Arbeiter klagen über Kopfschmerzen, später Übelkeit und Erbrechen, einzelne auch über Augenentzündungen, sie glauben aber nicht sagen zu können, ob zwei benutzte Grundierstoffe oder ein Verdünnungsmittel die Ursache sind.

Betrieb h: Die mit Mundschwamm arbeitenden Lackspritzer haben — abgesehen von dem lästigen Tragen des Mundschwamms — keine Beschwerden, dagegen klagen die übrigen im gleichen Raum tätigen Arbeiter über Übelkeit und Erbrechen.

Betrieb i: Ein Arbeiter führt Brennen und Tränen der Augen auf die verwendete Politur, ein Arbeiter Schwellung des Gesichts mit starker Rötung auf das Vergällungsmittel des Spiritus zurück.

Betrieb k: Ein Arbeiter glaubt für Lähmungserscheinungen, die ihn wochenlang arbeitsunfähig gemacht haben, einen Lack, mit dem er 4—5 Monate lang arbeitete, anschuldigen zu sollen.

Betrieb l: Einige Arbeiter klagen über Brechreiz und Ekzeme bei Verwendung eines Spirituslackes und eines Verdünnungsmittels, andere über Ekzembildung durch ein in der Vergolderei benutztes Terpentinersatzmittel und einzelne Arbeiter über einen üblen Verwesungsgeruch und Herzklopfen, hervorgerufen durch einen Schwarzlack.

Betrieb m: Herzklopfen, Klopfen in den Schläfen, Schweißausbruch, Übelkeit bei einzelnen Arbeitern wird auf einen Spritzlack zurückgeführt.

Es ist erklärlich, daß die Klagen nicht immer das Richtige treffen; so hat sich für den Fall k bisher kein Anhalt finden lassen; als Ursache für die Augenentzündung im Fall i nimmt der Arzt Schneeblendung an. Es ist auch verständlich, daß die Arbeiter, die verschiedene Lacke, Beizen, Spiritus, Terpentin und andere Stoffe verarbeiten, oder in deren Arbeitsraum verschiedene Stoffe benutzt werden, nicht mit Sicherheit sagen können, welchem Stoff die schädliche Wirkung zuzuschreiben ist, noch weniger natürlich, welchem Bestandteil der einzelnen verwendeten Lacke, Beizen oder Polituren, deren Zusammensetzung auch der Arbeitgeber meist ebensowenig kennt wie der Gewerbeaufsichtsbeamte, mag er Ingenieur, Chemiker oder Arzt sein. Es ist auch nicht zu verwundern, daß die Arbeiter vielfach die Befürchtung haben, daß jeder, der mit einem Stoff, der einmal zu einer Erkrankung im Betriebe geführt hat, zu arbeiten hat, ebenfalls früher oder später in derselben Weise erkranken werde, während zweifellos auch bei den hier in Frage kommenden Stoffen die Geruchsempfindlichkeit und Krankheitsempfänglichkeit der einzelnen Menschen sehr verschieden ist und auch bei jedem einzelnen Menschen nicht gleich ist und bleibt, sondern sowohl nach den einzelnen Stoffen verschieden ist, wie auch mit den Jahren, Jahreszeiten und dem Gesundheitszustand, anderen Einflüssen und Imponderabilien schwankt. Nicht zu unterschätzen ist ferner die Einwirkung der verschiedenen, in den fraglichen Betrieben neben Seife und Wasser benutzten Waschmittel, von denen vergällter Spiritus nicht das harmloseste ist. Aus den Klagen geht jedenfalls hervor, daß nicht ein bestimmtes, weder ein altes noch ein neues Beiz-, Polier- oder Lakkierverfahren, noch weniger ein einzelner dabei benutzter Stoff die Ursache der schädlichen Einwirkung auf die Gesundheit sein kann, und daß es daher notwendig ist, auf die verschiedenen Verfahren und die dabei zur Anwendung kommenden Stoffe einzugehen.

Um sich ein Bild von der Bestimmung und Notwendigkeit der einzelnen Bestandteile der Beizen, Lacke und Polituren zu machen, muß man von dem Zweck der einzelnen Oberflächenveredelungsverfahren, ihrer technischen Ausführung und ihrer Wirkung auf das Aussehen des Holzes ausgehen. Neben dem einfachen Anstreichen, das für Möbel und Musikinstrumente dem Geschmack und der notwendigen Dauerhaftigkeit nicht genügt, unterscheidet man im wesentlichen Beizen, Lasieren, Lackieren, Lackmattieren und Polieren.

Das Beizen soll dem Holz eine bestimmte Farbtönung geben und dabei die Struktur des Holzes klar hervorheben. Schon das Wort Beizen deutet an, daß der Zweck keine reine Oberflächen- oder Überzugsbildung, sondern eine Einwirkung auf die Holzfaser selbst ist. Das Lasieren des Holzes läßt Struktur und Maserung des Holzes erkennen, die Farbwirkung aber wird durch einen leuchtenden, nicht deckenden und nicht auf die Holzfaser wirkenden, sondern oberflächigen Anstrich, meist Ölanstrich, erzielt. Das Lackieren gibt, je nach Verwendung eines durchscheinenden oder eines deckenden Lackes unter Sichtbarbleiben oder Verschwinden der Struktur einen reflektierenden Überzug, dessen Glätte und Glanz durch das Polieren verstärkt, durch Mattieren geschwächt werden soll. Poliert werden kann sowohl lackiertes und gebeiztes Holz wie auch die reine Holzoberfläche, die neben der mechanischen Bearbeitung eine besondere Vorbereitung erfahren hat.

Die Beizverfahren.

Das Beizen verlangt eine Vorbehandlung der mit Hobel, Ziehklinge und feinem Glaspapier geputzten Fläche zur Leimentfernung und Entharzung. Dazu wird hier und da Azeton oder Benzol aufgestrichen, ein Verfahren, das, wenn es auch nur in Einzelfällen angewendet wird, wegen der Feuers- und Gesundheitsgefahr nicht zu empfehlen ist. Ebenso bedenklich ist die zu solchen und ähnlichen Zwecken vorgenommene Behandlung des Holzes mit Oxalsäure oder Kleesalz (saures Kaliumoxalat). Oft wird dabei die sonst nicht sehr gefährliche Oxalsäure nach der Verwendung nicht genügend durch Waschen entfernt und gelangt dann bei etwaigem trockenem Nachschleifen mit dem Holzstaub in die Atemwege, wo sie starken Hustenreiz verursacht. Kleesalz ist ein starkes Gift und gehört nicht in die Tischlerei. Auch fertige Sondermittel, z. B. der Arti-Entharzer, enthalten ein flüchtiges Lösungsmittel und sind mit Vorsicht zu gebrauchen. Für fast alle Fälle genügt zur Entfernung von Leimtropfen und Harz heißes Wasser mit Zusatz von Marseiller Seife oder Kernseife oder von Salmiakgeist, oder auch einem natürlich ebenfalls mit Vorsicht für Augen und Hände zu gebrauchendem Alkali z. B. heiße Sodalauge (Natronlauge), die allerdings nur an der Oberfläche mit dem Harz verseift. Diese Harzseifen

(Resinate) verbinden sich aber nicht mit den nachher aufgebrachten Ölen oder Spiritus und beeinträchtigen also den Lacküberzug nicht. Das Beizen selbst ist einmal ein Tränken des Holzes mit in Wasser oder Spiritus gelöstem Farbstoff. Von einem Färben der Holzfaser kann man nicht gut sprechen, da der Farbstoff nicht, wie der Fachausdruck in der Färberei heißt, irreversibel auf die Holzfaser aufzieht. Diese Wasserbeizen und auch Spiritusbeizen sind also nicht wasserfest und verlangen daher einen späteren, durchsichtigen Lack- oder Firnisüberzug. Benutzt werden für Wasserbeizen sehr verschiedene Erdfarben, Pflanzenfarben (Farbholzextrakt, in heißem Wasser oder in Alkalien gelöst, z. B. Blau- oder Campècheholz, Alkanawurzel u. a.), oder Teerfarben der sauren Gruppe. Diese Farben, auch die letzteren, z. B. Nigrosin (wasserlöslich), Säurefuchsin, Säuregelb, Auramin können praktisch als ungefährlich bezeichnet werden. Vereinzelt wird allerdings auch noch nach alten Rezepten gearbeitet, in denen Bleizucker (essigsaures Bleioxyd) zum Abkochen von Blauholz, Pikrinsäure zum Gelbbeizen, Lösungen von Arseniksalzen oder phosphorsauren Salzen, Schwefelwasserstoff u. a. empfohlen werden, alles Stoffe, die gewerbehygienisch bedenklich sind, und deren Anwendung unterbleiben kann, da genügend andere Verfahren mit ungefährlichen oder doch weit weniger schädlichen Stoffen zur Verfügung stehen. Die Spiritusbeizen sind Lösungen basischer Teerfarbstoffe in hochprozentigem Spiritus. Der Beizer kann sich dabei ebenso wie bei den Wasserbeizen auf wenige Farben beschränken, mit deren Mischungen sich alle möglichen Farbtöne erzielen lassen. Einige der hierbei benutzten Farbstoffe werden, wenigstens wenn größere Mengen und regelmäßig wiederkehrendes Arbeiten mit ihnen in Frage kommen, als für die Haut nicht ganz unschädlich bezeichnet werden müssen[1], z. B. Bismarckbraun, ein Azo(nitro)farbstoff, Rhodamin, ein Phtalsäurefarbestoff, oder Brillantgrün, ein Triphenylmethanfarbstoff. Bei genügender Vorsicht läßt es sich aber vermeiden, daß der Farbstoff oder die Farblösung mit der Haut in Berührung kommen. Es kann daher dahingestellt bleiben, ob bei diesem nicht sehr verbreiteten Beizverfahren der Farbstoff oder der Spiritus und seine Vergällungsmittel die Haut stärker angreifen oder sonst wirksamer sind.

Das zweite Beizverfahren, das sogenannte Gerb- oder Metallsalz-Verfahren, bringt nicht etwa Gerbstoffe in das Holz, sondern nutzt die Gerbstoffe des Holzes selbst aus, ferner andere Bestandteile des Holzes, die mit gewissen Chemikalien unter Bildung eines Farbtones reagieren, z. B. das Lignin und das Aldehyd im Holz. Das Verfahren wird also vorwiegend bei gerbstoffreichen Hölzern, wie Eiche, Nußbaum, Mahagoni verwandt, weniger dagegen bei Nadelhölzern, Birke, Buche u. a. Die verwendeten Beizen sind Metallsalzlösungen, z. B. chromsaures Kupfer, mehrfach oder doppeltchromsaures Kali oder andere saure Chromsalze oder Kupfersulfat in Wasser und Salmiakgeist, zum Teil unter Zusatz einer oder mehrerer Teerfarben, aber auch Säuren, wie z. B. der gesundheitlich nicht ungefährlichen Pyrogallus-

---

[1] Über Teerfarbstoffe Weyl: Handbuch der Hygiene. Leipzig 1912. — Lehmann: Arbeits- und Gewerbehygiene. Leipzig 1919. — Zbl. Gewerbehyg. 1920.

säure (Trioxybenzol). Die meist verwendeten Farbstoffe sind die gleichen wie bei den Wasserbeizen und unschädlich. Bei dem für gerbstoffärmere Hölzer gelegentlich verwandten Anilinsalz (salzsaurem Anilin) sind Vergiftungen bekannt; seine Verwendung erscheint unnötig, da für gerbstoffarme Hölzer andere Verfahren zur Verfügung stehen. Chromsalze können sehr unangenehme, nur langsam heilende Ekzeme, bei einer bei Beizarbeiten allerdings kaum anzunehmenden Dauerarbeit mit Chrombeizen auch Durchfressungen der Nasenscheidewand und ähnliches hervorrufen. Bei einiger Vorsicht und nötigenfalls Gebrauch von Handschuhen und Atemschützern werden sich aber Schädigungen fast immer vermeiden lassen. Als Waschmittel für die mit den Chromsalzen in Berührung gekommenen Hände wird Bisulfit in 10—20%iger Lösung empfohlen, das die Chromsäure in das weniger schädliche und lösliche Chromoxyd verwandelt, oder auch einfache Sulfitlauge, die der Beizer sich auf folgende Weise herstellen kann: 250 g Natriumsulfit werden in 5 Liter Wasser gelöst und alsdann verdünnte Schwefelsäure unter Umrühren langsam zugesetzt, bis der charakteristische Geruch von schwefliger Säure sich bemerkbar macht. Damit die Bisulfit- oder Sulfitlauge wiederholt benutzt werden kann und erst nach längerem Gebrauch erneuert zu werden braucht, muß der Beizer sich zunächst gründlich die Hände waschen, ehe er sie in die Lauge taucht und nochmals abspült.

Zu diesem Beizverfahren gehören auch die Wachs- und Salmiakwachsbeizen, Mischungen von in Wasser gelöstem und mit Pottasche teils verseiftem, teils emulgiertem Bienen- oder Karnaubawachs mit den genannten Wasser- oder Gerbbeizen, meist auch mit starkem Salmiakgeist, der aber bei Verwendung von Eisensalzen in der Beize fortbleiben muß.

Das dritte Verfahren ist die Doppelfarbbeize. Mit der sogenannten Vorbeize werden Lösungen aufgetragen, die mit den Chemikalien der Nachbeize, meist Metallsalzen, im Holz durch chemische Reaktion den Beizton erzeugen. Benutzt werden hierbei als Vorbeize verschiedene Gerbstoffe, aber auch Benzolderivate. Während die üblichen Gerbstoffe, Gallussäure, Tannin, Katechu ungefährlich sind, sind die Benzolderivate mit einer gewissen Vorsicht zu gebrauchen. Ein Ersatz ist nicht leicht zu finden, wenigstens für gewisse Holzarten, da die Stoffe die Fähigkeit haben müssen, sich nicht nur möglichst wasserfest auf der Holzfaser fixieren zu lassen, sondern auch, um die Struktur der Wirklichkeit entsprechend hervortreten zu lassen, einzelne Stellen stärker anzugreifen als andere, z. B. die härteren Jahresringe der Nadelhölzer. Für letztere werden vorwiegend Paracidol- und Metacidolbeizen verwendet; sie enthalten Entwickler, wie sie auch in der Photographie gebraucht werden, z. B. Resorzin (Brenzkatechin oder Dioxybenzol), Pyrogallol (Trioxybenzol), Glyzin, Amidophenole, Amidonaphthole, und gehen mit den Metallsalzen der Nachbeize Verbindungen ein, die den Farbton des Holzes hervorrufen. Alizarolbeizen benutzen die Eigenschaft des Alizarins, entweder mit vorher auf die Holzfaser gebrachten Farbstoffen oder mit nachher aufgebrachten Salzlösungen einen Farblack zu bilden.

Die Beizen gehen vielfach unter Phantasienamen, z. B. Allendo-Beizen, Beotyl-Beizen, Arti-Beizen, die aber alle sich auf die genannten Stoffe und Wirkungen zurückführen lassen. Einfache Beispiele von Doppelbeizen sind:

a) Vorbeize: Lösung von 50 g Pyrogallussäure in 1 Liter Wasser; nach dem Trocknen Nachbeize: Lösung von 50 g Chromkali in 1 Liter heißem Wasser; gibt bei Föhrenholz mattes Braun mit rotbrauner Maserung.

b) Vorbeize: 100 g Tannin in 1 Liter heißem Wasser; nach dem Trocknen Nachbeize: 50 g Chromkali in 1 Liter heißem Wasser; ein gelbbrauner Ton entwickelt sich in 12 Stunden.

c) Vorbeize wie bei a). Nachbeize: 50 g Pottasche in 1 Liter Wasser (mattbrauner Ton).

Da die Beizen fast immer mit dem Pinsel oder mit Lappen aufgetragen werden und, einschließlich der Entwickler, nur langsam verdunsten — der starke Geruch des Salmiaks täuscht leicht — lassen sich ohne Schwierigkeit Vorsichtsmaßnahmen treffen: Gebrauch von Handschuhen, Vermeidung scharfer Waschmittel; falls in mäßigen Grenzen Spiritus, Bisulfit oder Soda zum Waschen benutzt wird, nachheriges gründliches Abspülen und Einfetten der Haut mit Lanolin, Glyzerin, Vaselin u. a.; ferner gute Lüftung des Arbeitsraumes und Trocknen der gebeizten Stücke möglichst in besonderem Raum. Bei etwaiger künstlicher Lüftung darf der Luftstrom vom Werkstück zum Abzug nicht durch den Atembereich des Arbeiters gehen.

Gebeizte Hölzer werden vielfach nachbehandelt, teils zum Schutz gegen Wasserlöslichkeit der Beize, zur Sicherung der Reibfestigkeit, zur Verhütung des Haftens von Fingerabdrücken, teils aber auch um einen wärmeren Farbton zu erzielen. Dazu dienen z. B. Terpentinbeizen oder Terpentinwachsbeizen, die allein nicht genügend beizen, öl- und fettlösliche Teerfarbstoffe in Terpentinöl gelöst, mit oder ohne verseiftem Wachs. Ferner gehört hierher das sogenannte Räuchern, das in einer Einwirkung von Ammoniakdämpfen aus stärkstem Salmiakgeist auf das gebeizte Holz besteht, vereinzelt allerdings auch auf ungebeiztes, gerstoffreiches oder nur mit Gerbstoff getränktes Holz. Gewarnt werden muß vor einem Räucherverfahren, das bei Birkenholz, seltener bei Nadelholz früher üblich war, jetzt glücklicherweise fast verschwunden ist. Man bestrich die Holzflächen mit Salpetersäure und stellte das Möbelstück an den Ofen oder fuhr mit einer Stichflamme darüber. Schädigungen durch nitrose Gase konnten dabei natürlich nicht ausbleiben. Zur Nachbehandlung gebeizten Holzes gehört auch das Überziehen mit Zellulosemattpräparaten (Duffmatt), Schellackmattierungen, Mattinen, Zaponlack, Stoffe, auf die, ebenso wie auf das Terpentinöl, später noch zurückzukommen ist.

Dem Beizen gleichzustellen ist das Bleichen des Holzes, d. h. eine Einwirkung auf die Holzfaser, um Gerbstoffe und natürliche Farbstoffe des Holzes zu zerstören, damit es einen helleren Ton annimmt und diesen beim späteren Lackieren, Mattieren oder Polieren beibehält. Gebleicht wird mit 30%iger Wasserstoffsuperoxydlösung, der 10 bis

20% Ammoniak zugesetzt wird. Die starke Lösung kann durch Zerstörung des Fettgehaltes der Haut, verbrennungsähnliche Schäden verursachen, so daß Vorsicht geboten ist. Ein leichtes Nachwaschen oder Nachstreichen des Holzes mit verdünnter reiner Salzsäure, die ebenfalls mit Vorsicht zu gebrauchen ist, wird nur dann vorgenommen, wenn das Ammoniak bei gerbstoffreichem Holz eine Gelbfärbung bewirkt hat. Das Bleichen mit Chlorkalk-Sodalösung ist weniger beliebt, weil es durch längeres Absetzenlassen der Lösung, mehrfaches Spülen mit Wasser mit dazwischen vorgenommenem Abwaschen mit Antichlorlösung und Trocknen mehr Zeit beansprucht. Bei den stark verdünnten Lösungen ist mit nennenswerten Einwirkungen auf Haut oder Schleimhäute nicht zu rechnen. Gewarnt werden muß aber vor einem Bleichverfahren mit Kleesalzlösung. Kleesalz — saures Kaliumoxalat — ist ein starkes Gift und kann schon bei ganz unbedeutenden Hautrissen zu schweren Vergiftungen führen. Bei jedem Hantieren mit Kleesalz sind also dichte und unbeschädigte Gummihandschuhe zu benutzen, wenn das Verfahren nicht besser ganz fallen gelassen wird.

Bei den Beizen sei noch kurz der **Lack- und Beizentfernungsmittel** gedacht, die vielfach unter Phantasienamen, „Teufelszeug", „Lackweg" und ähnliches im Handel sind, und deren Hauptbestandteile meist ein Kohlenwasserstoff und eine scharfe Lauge sind, also zum mindesten die Haut der Hände stark reizen. Am häufigsten finden sich in den Abbeizmitteln als Lösungsmittel Azeton bis zu 50%, Benzin, Hexalin, Äthylenglykol, Methylenchlorid, Trichloräthylen, Tetrachlorkohlenstoff, die durch Seife, Schlämmkreide, Wachs oder Paraffin die gewünschte Konsistenz und Verdunstungshemmung erhalten. Die Lösungsmittel werden uns bei den Lacken wieder begegnen und sollen dort gewerbehygienisch betrachtet werden. Hier sei nur gesagt, daß auch in den Abbeizmitteln die gechlorten Kohlenwasserstoffe überflüssig sind. Da das Abbeizen naturgemäß keine Dauerarbeit ist, die Abbeizmittel aber fast immer mit dem Pinsel oder nassen Tüchern aufgetragen und die zu entbeizenden Stücke weiterhin zunächst mit der Ziehklinge bearbeitet und mit Wasser gewaschen werden, ehe sie dem Staub entwickelnden Trockenschliff unterzogen werden, wird das Tragen fester Lederhandschuhe beim Hantieren mit den Abbeizmitteln als Vorsichtsmaßnahme genügen, natürlich neben einer guten und dauernden Lüftung des Arbeitsraumes.

Die Filmbildung auf dem Holz.

Entgegen dem Beizen wirken die übrigen Verfahren der Holzflächenbehandlung, das Lasieren, das Lackieren und das Polieren nicht auf die Holzfaser ein, sie sollen vielmehr eine besondere, glatte Schicht (Film) über der Holzfläche schaffen, die allerdings fest auf dem Holze haften muß. Daraus erklärt es sich, daß die drei Verfahren die gleiche, wenn auch etwas abgestufte Vorbehandlung der Holzfläche zur Voraussetzung haben, nämlich die Porenfüllung, um die glatte Oberfläche für den Überzug zu sichern, und die Grundierung, um ein Eindringen der Schichtstoffe in das Holz zu verhüten.

Porenfüllung und Grundierung werden verschiedentlich auch vereinigt. Weite Poren, Astlöcher, Risse werden, soweit Hölzer mit solchen Fehlern überhaupt verwendbar sind, verkittet, fast immer mit harmlosen Stoffen: Mehl, Kasein, Leim, Sägespänen, Kalkhydrat in sehr kleinen Mengen. Nur selten wird unnötigerweise auch Bleiweiß oder Minium (Bleioxyd) dazu verwendet. Zum Füllen der feinen Poren, das nur bei wenigen Hölzern, z. B. gutem Birnbaumholz, unterbleiben kann, werden als Füllmittel ebenfalls ungefährliche Stoffe benutzt, Kaolin (Chinaclay), Ziegelmehl, Stärke- oder Reismehl, Schwerspat, gebrannter und geschlämmter Bimsstein, Tripel, eine Infusorienerde, Harzpulver, Leim und Erd- oder Mineralfarben. Die Füllmittel werden mit Wasser, Terpentinöl, Spiritus, Nitrozelluloselacken, bei harzfreiem Holz auch mit schnell trocknenden Ölen oder Öllacken in die Poren eingerieben. Diese Flüssigkeiten begegnen uns bei jeder Oberflächenbehandlung des Holzes nach den drei Verfahren immer wieder; ihre möglichen gesundheitsschädlichen Wirkungen sollen späterhin besprochen werden. Nach dem Füllen wird grundiert. Wir brauchen uns um den seit einer Reihe von Jahren tobenden Streit — Ölgrundierung, ölfreie Grundierung — der sich daraus erklärt, daß die Frage der Trocknung der Öle und der Verbindung der Öle mit den Bestandteilen des Holzes, mit der sich schon Plinius, Lionardo da Vinci, Pettenkofer und andere eingehend befaßten, noch immer nicht einwandfrei gelöst ist, nicht zu kümmern. Grundiert wird sowohl mit trocknenden Ölen, deren Hauptvertreter das Leinöl ist, oder mit Firnissen (mit geringen Mengen katalysatorisch wirkender Metallsalze behandeltes Leinöl), zum Teil mit Terpentinöl verdünnt, als auch mit ölfreiem Nitrozellulosegrund (Nitrozelluloselösung in Äther, Amylacetat, Alkohol, mit oder ohne Zusatz von Harzlösungen) und mit anderen, von fetten Ölen freien Lacken, z. B. Schellacklösung, für das Lackieren und Lasieren auch mit Leim, für Weißlackiererei meist Mischung von Leim und Schlämmkreide, sonst auch Leimfarbe. Fertige Porenfüller und Grundierstoffe auf Ölbasis sind in der Tischlerei bekannt als Woodstain, Woodfiller und ähnliches, auf Zellulosebasis als Kronengrund, Perlgrund, Kollodiumgrund. Die Grundierstoffe werden als Paste oder Spachtel, dick oder dünnflüssig aufgetragen, gespritzt oder mit dem Pinsel, Holzspachtel oder der Ziehklinge verteilt. Der gelegentlich empfohlene Zusatz von Bleiweiß zur Grundierung hat nur Sinn für Metallflächen, weil erfahrungsgemäß die Haftung auf der Metallfläche dadurch begünstigt wird; für Holzflächen ist ein solcher Zusatz überflüssig. Die Grundierlacke sind, gewerbehygienisch betrachtet, von den zum eigentlichen Lackieren benutzten Decklacken wenig verschieden und sollen daher hinsichtlich ihrer Gesundheitsgefahren später mit diesen zusammen behandelt werden.

Das Lasieren.

Das Lasieren oder sogenannte Naturlackieren, das die Holzmaserung durchscheinen lassen soll, geschieht nach der Grundierung, abgesehen von den für unsere Frage unwichtigen Verfahren der Wasserlasur und der Wachslasur, mit hellem Dammarlack (Harz-Lacklasur) oder mit Firnis (Öllasur), der mit Terpentinöl verdünnt ist, vielleicht auch in geringen Mengen, höchstens 4%, Wachszusatz erhält. Auch die zur Lasierung benutzten Öle und Lacke sind in ihrer technischen Zusammensetzung und in ihrer physiologischen Wirkung von den für die Lackierung benutzten Lacken nicht oder nicht sonderlich verschieden. Dem Lack oder Öl werden besondere Lasurfarben zugesetzt, die also in Lösung und als getrockneter Überzug durchsichtig sind und doch eine leuchtende Farbenintensität besitzen. Es kommen hierfür nur wenige Farben in Betracht, z. B. Terra die Siena (Eisenoxydhydrat), Umbra, ein Verwitterungsprodukt des Brauneisensteins, Krapplack (Alizarin), Kassler oder Kölner Braun, auch kölnische Erde genannt, ein Zersetzungsprodukt humusreicher Braunkohle, Berliner- oder Pariserblau (Eisenzyansalze) — in Paris nur als Preußischblau bekannt — Miloriblau, eine hellere Sorte Berlinerblau, Farben, bei deren gewerblicher Verarbeitung Gesundheitsschädigungen bisher wohl nicht festgestellt worden sind.

Das Lackieren.

Das Lackieren, Farblackieren oder Schleiflackieren besteht in mehrmaligem Auftrage von Lacklösungen mit Pinsel oder Spritzpistole auf der Grundierung und dazwischen immer wieder vorgenommenem Glattschleifen, gründlichem Abwaschen und Trocknen mit dem Leder. Mehrere dünne Lackschichten trocknen leichter und geben einen gleichmäßigeren und elastischeren Überzug als eine dicke Schicht. Geschliffen wird mit Wasser und meist mit einem wasserfesten Schleifpapier, seltener mit einem Filzblock. Zuweilen wird zwischen Grundierung und Lackierung noch eine Spachtelung mit Öl- oder Leimspachtel vorgenommen, gegebenenfalls auch noch eine Sicherungsschicht aufgetragen, um eine bessere Haftung des Lackfilms auf dem Leimspachtel zu erzielen, oder um eine Erweichung des Ölspachtels durch die Lösungsmittel des Decklackes zu verhindern. Dazu dient ein besonders präparierter Zelluloselack (Zaponlack) oder auch die Grundierzelluloselösung. Als Decklacke dienen die verschiedensten Lacke und Harzlösungen.

Alle Lacke enthalten im allgemeinen einen den sogenannten Film (Überzug) gebenden Bestandteil (Harz oder Zellulose, g. g. F. gemischt), Lösemittel für diesen Filmbestandteil, die später wieder verdunsten, ebenfalls verdunstende Verdünnungs- und Verschnittmittel, um die leichte und gleichmäßige Verstreichbarkeit oder Spritzbarkeit des Lackes herbeizuführen, nicht zuletzt auch, um den Lack billiger zu machen, Weichmachungsmittel, um Sprödigkeit und Rissigwerden des Überzuges zu verhindern und ihm eine gewisse Elastizität auch nach der Trocknung zu sichern, ferner unter Umständen ein Farbpigment oder eine in den Lösungsmitteln lösbare Teerfarbe.

Während man früher als Lacke nur Lösungen von Harzen in geeigneten Lösungsmitteln mit oder ohne Zusatz von Öl bezeichnete, ist heute dazu die Gruppe der Zelluloselacke getreten, Auflösungen von nitrierter oder acetylierter Zellulose, von Zelluloseäther oder Zellhornabfällen in bestimmten Lösungsmitteln mit verschiedenen anderen Zusätzen.

Die Harz-Öl-Lacke.

Als Harze für Harz-Öl-Lacke dienen die Naturharze, wie Kopal, Bernstein, Dammar, Mastix, Schellack, Fichtenkolophonium u. a.; letzteres meist als Lackharz bezeichnet, wenn es durch Sauerstoffaufnahme aus Kalzium-, Barium-, Magnesium- oder anderen Oxyden einen höheren Schmelzpunkt und größere Härte erhalten hat (sogenannte Hartkopale, Ambrol). Diese Naturharze sind fest oder in Lösungen gewerbehygienisch unbedenklich, mit Ausnahme vielleicht von Schellack, der vereinzelt zu allerdings fast immer unbedenklichen Hautreizungen geführt hat. Daß Schellack in Einzelfällen bei empfindlichen Naturen solche Schädigungen auslösen kann, ist erklärlich, wenn man sich die Herkunft des Schellack klar macht. Schellack ist pflanzlichen und tierischen Ursprunges; er ist das Harz eines indischen Baumes, das auf die Stiche einer Schildlaus aus den Zweigen ausfließt und das Insekt umkrustet — daher shellac, Schalenlack —, nicht ohne daß das Weibchen vorher noch reichlich Eier abgelegt und einen roten Farbstoff von sich gegeben hat. Die Trennung des Harzes von den tierischen Rückständen ist nicht ganz einfach und nicht vollkommen, darf es vielleicht für die Güte des Lackes auch nicht sein. Dazu kommen oft noch andere Verunreinigungen, Verfälschungen durch andere Harze, Verfärbungen, z. B. mit Auripigment (gelbes Schwefelarsen) und Chlor, das aus dem üblichen Bleichverfahren im Schellack zurückbleibt. Der Schellack wird aber jetzt von Sonderfirmen auch so gereinigt auf den Markt gebracht, daß bei diesen Sorten, z. B. Lemon, TN-Orange, RL-Pure, eine Gefahr nicht mehr besteht. Ein technisch gleichwertiger Ersatz für Schellack ist bisher nicht gefunden, weder ein anderes ausländisches Harz, von denen weicher Manilakopal, rotes Akaroidharz und Sandarrac ihm am nächsten kommen, noch ein deutsches synthetisches Kunstharz.

Solche Kunstharze, die nicht nur als Ersatz für Schellack sondern in erheblichem Umfange auch für andere Naturharze dienen, sind z. B. Cumaron, aus Solventnaphtha (Benzol-Xylol) isoliert und durch konzentrierte Schwefelsäure oder Aluminiumchlorid zu harzartig festem Stoff polymerisiert, Phenolpräparate, z. B. Formalite, sogenannte Novolacke und Bakelite, aus Phenolen und aliphatischen Aldehyden oder aus Phenol und Trioxymethylen oder Hexamethylentetramin. Albertole, Resinite sind ähnliche Phenolpräpraate in alkoholischer Lösung mit oder ohne Abietinsäure, dem Harzbildner der Nadelhölzer, oder Ölsäure. Andere Ersatzmittel sind gewonnen aus zyklischen Ketonen, z. B. Zyklohexanon, die durch Erhitzen mit alkalischen Lösungen unter Druck harzartigen Charakter annehmen, oder sind Ester bestimmter Säuren, z. B. der Abietinsäure des Kolophoniums und des Glyzerins (Glyptale) oder Kondensationsprodukte des Phthalsäureanhydrids und des Rizinusöles (Rezylharze).

Als Öle kommen in Betracht für sogenannte fette Lacke in erster Linie das ungefährliche Leinöl in seinen verschiedenen Formen:

Reines Leinöl, dessen durch Oxydation und Polymerisation herbeigeführte Trocknung vielen Tischlern und Lackierern nicht schnell genug vor sich geht, und die man deshalb durch verschiedenartige, vorherige Behandlung des Leinöles zu beschleunigen sucht.

Standöl, bei 300° unter Luftabschluß gekochtes Leinöl.

Patentlacköl, mit Luft oder Kohlensäure geblasenes Leinöl.

Uviolöl, mit ultravioletten Strahlen behandeltes Leinöl.

Voltöl, elektrischen Spannungsausgleichen ausgesetztes Leinöl.

Firnis, d. i. Leinöl mit oxydierenden Metallsalzen, z. B. Bleioxyd, Manganoxyd, Kobaltoxyd (Sikkativen) gesotten.

Faktorfirnis, ein nach besonderem Verfahren durch Behandlung mit Chlorschwefel faktisiertes, d. h. in eine gummielastische Masse übergeführtes Leinöl, das nur durch Lösungs- und Verdünnungsmittel, meist Schwerbenzine in streichfähigem Zustand gehalten werden kann.

Dann die Verschnitte des Leinöles: Sojabohnenöl, Sonnenblumenöl, Senföl, Hanföl, Baumwollsamenöl, Nußöl, Rüböl, ungefährliche Stoffe, außer vielleicht bei ganz vereinzelten, zur Idiosynkrasie neigenden Leuten; ferner natürliche Ersatzstoffe des Leinöles, insbesondere chinesische Holzöle aus Nüssen der Euphorbien — der Name rührt daher, daß diese Öle in China in großem Umfange zum Anstrich von Holzhäusern und von Holzbarken benutzt werden. Solche Holzöllacke sind z. B. Durolit und Tokiol oder Toyol.

Halböle sind halb Lein- oder Holzölfirnis, halb Lösungsmittel, sie werden hier und da zur Holzgrundierung verwandt.

Harttrockenöle dienen meist für Grundierzwecke und zur Spachtelbereitung; sie gehen oft unter Phantasienamen, wie Eburit, Ehrolit u. a.

Für sogenannte magere Lacke, d. h. Lacke mit wenig oder ohne Leinöl, bilden Terpentinöl oder Kienöl oder ihre Ersatzprodukte neben dem Harz den Hauptbestandteil und haben mehrfache Aufgaben zu erfüllen, einmal als Lösungsmittel für die Harze, und zweitens, dem Harzlackaufstrich (Film) eine bessere Verbindung mit dem Holze zu sichern, schließlich auch den Film auf Aussehen und Elastizität günstig zu beeinflussen. Terpentin ist ein Harz bestimmter ausländischer Kiefernarten, das durch Destillation in Terpentinöl und Kolophonium zerlegt wird. Das entsprechende Fichtenharz gibt Pinolin, das als Terpentinersatz dient, und Fichtenkolophonium, während Kienöl ein Destillat des Teers meist einheimischer Nadelholzstubben ist. Holzteeröle sind ebenfalls Destillate des Teers verschiedener Nadel-, seltener Laubhölzer. Sowohl Terpentinöl wie die genannten pflanzlichen Ersatzstoffe, diese sogar in stärkerem Maße, können bei empfindlichen Personen zu unangenehmen Hautekzemen führen, während leichtere Reizerscheinungen der Atemwege und der Augen durch Terpentinöldämpfe bei einem großen Personenkreis auftreten, Allgemeinerscheinungen, wie Benommenheit, Appetitlosigkeit, Durstgefühl, Schlafsucht, Abmagerung nur bei wenigen zur Idiosynkrasie neigenden Leuten, wenigstens bei den in Lackierereien normalerweise in Betracht kommenden Mengen.

Als Lösemittel für die Harze dienen verschiedene Stoffe von

Die Harz-Öl-Lacke.

sehr abweichender Lösefähigkeit; das eine ist mehr für Naturharze geeignet, das andere mehr für Kunstharze, die im allgemeinen überhaupt in mehr Stoffen und leichter lösbar sind als die Naturharze. Worauf das verschiedene Verhalten der Harze und der Lösemittel beruht, ist wissenschaftlich noch nicht einwandfrei geklärt. Daraus ergibt sich aber die Fülle der benutzten Lösungsmittel und die Unzahl von Lösungsrezepten, leider auch das ständige Experimentieren mit ungeeigneten und bedenklichen Stoffen. Es kommen als Lösungsmittel für Harze in Betracht:

a) die pflanzlichen Lösungsmittel; in erster Linie Terpentinöl und seine natürlichen Ersatzstoffe, Kienöle und Holzteeröle aus harzhaltigen Hölzern, dann die künstlichen Ersatzstoffe chemisch-technischer Herkunft, und zwar

b) Kohlenwasserstoffe der aliphatischen Reihen, z. B. Benzine, Sangajol aus Borneonaphtha, Mischungen mit Phantasienamen, z. B. Terapin, Dapentin, in der Hauptsache auch Petroleumdestillate.

c) Kohlenwasserstoffe der aromatischen Reihe, z. B. Benzol und seine Homologen, Toluol, Xylol, Solventnaphtha,

d) Hydrierte Kohlenwasserstoffe, z. B. Tetralin, Hexalin, Hydroterpin,

e) Chlorierte Kohlenwasserstoffe, wie Chlorbenzol, Trichloräthylen, Methylenchlorid,

f) Alkohole, z. B. Spiritus, Butylalkohol,

g) Ketone, z. B. Aceton,

h) Ester und Äther, z. B. Essigsäureester, Glykoläther.

Im allgemeinen werden aber von diesen Lösungsmitteln für die althergebrachten Harz-Öl-Lacke verhältnismäßig wenige benutzt, teils wegen der Preise oder Preisschwankungen, teils wegen der Schwierigkeit ihrer richtigen Auswahl und Anwendung, zum Teil freilich auch wegen des starren Festhaltens an überlieferten Rezepten. Man benutzt oft mehrere Lösungsmittel verschiedener Flüchtigkeit, um später bei der Anwendung des Lackes eine allmähliche und gleichförmige Verdunstung herbeizuführen. Um einen Einblick in die ohne erkennbaren Grund so verschiedene Lösefähigkeit zu geben, ist für einige Harze, Gummi und Lösemittel nachstehende Übersicht aufgestellt, zum Teil nach der Schrift: Lösungsmittel, Weichmachungsmittel, herausgegeben von der I. G. Farbenindustrie AG.

Die Lösungsmittel dienen in vielen Fällen auch als Verdünnungs- und billiges Streckmittel, insbesondere Benzol, Toluol u. a. Diese Stoffe sollen aber unter Umständen auch die Viskosität des Lackes und die Elastizität und den Glanz des Lackfilms beeinflussen. Zu dem gleichen Zweck werden oft noch andere Stoffe zugesetzt, die keine Löser für das betreffende Harz sind, z. B. Benzin, Isopropylalkohol, Glykol. Bei der langsamen Trocknung des Ölbestandteiles der Harz-Öl-Lacke spielt eine geringe Flüchtigkeit der Zusatzstoffe keine große Rolle. Die Verdünnung hat aber ihre Grenzen, da bei manchen Stoffen sonst die Harze wieder ausfallen und die Lösung trübe wird.

Lösemittel[1]	Schellack	Dammar	Mastix	Kopal	Sandarak	Kolophonium	Gummi
Benzin	—	×	—	×	—	+	+
Benzol	—	×	+	×	×	+	+
Toluol.....	—	×	+	—	—	+	+
Xylol.....	—	+	+	—	—	+	+
Aceton	—	—	—	+	+	+	—
Äther	—	+	+	+	+	+	×
Essigäther ...	—	—	+	+	+	+	—
Cyclohexanon (Anon) ...	×	+	+	+	+	+	+
Amylalkohol . .	×	+	+	—	+	+	—
Amylacetat . .	—	+	+	+	+	+	×
Äthylalkohol . .	+	×	×	+	+	+	—
Methylalkohol .	+	—	×	×	×	+	—
Butylalkohol . .	+	—	+	+	+	+	—
Adronolacetat .	—	+	+	+	+	+	+
Äthylglykol . .	+	—	×	+	+	+	—
Terpentin ...	—	+	×	×	+	+	—

[1] + = löst; — = löst nicht; × = löst teilweise.

Die Spirituslacke.

Spirituslacke, die bei der Möbel- und Instrumentenfabrikation noch vielfach vorkommen, sind Lösungen von Schellack oder anderen Harzen in Spiritus ohne Öl. Der Spiritus wird für diese Zwecke möglichst hochprozentig genommen, da der Wassergehalt sonst das Aussehen des Lackfilms ungünstig beeinflußt, und wird meist nicht mehr wie früher mit rohem Holzgeist oder Pyridinbasen vergällt, weil diese Stoffe auf gewisse Bestandteile des Holzes oder etwaige Farbzusätze zum Lack ungünstig wirken können; es werden vielmehr 2% Benzol oder Toluol oder 1% Terpentin oder Schellackpolitur zur Vergällung benutzt. Sehr einheitlich scheint die Vergällung bei der Reichsmonopolverwaltung nicht zu sein, allerdings auch nicht die Ansichten des verarbeitenden Holzgewerbes über technische Nachteile des einen oder anderen Stoffes. Um eine bessere Lösung mancher in Spiritus sich schlecht lösender Harze herbeizuführen und zur Regelung der Verdunstungsgeschwindigkeit, die für die Güte des Anstriches wesentlich sein kann, werden den Spirituslacken öfter Aceton, Amylalkohol, Amylacetat oder ähnliche Stoffe zugesetzt, den Spiritusmattlacken auch die unerwünschten gechlorten Kohlenwasserstoffe (Chlorbenzol, Trichloräthylen u. a.). Gelegentlich wird lediglich als Weichmachungsmittel, d. h. um die Sprödigkeit des Spirituslackfilms zu vermindern, in geringen Mengen Terpentinöl beigemengt.

Die fetten oder mageren Öllacke und Spirituslacke sind unter den verschiedensten Zweck- oder Phantasienamen im Handel. So ist z. B. Ahornlack ein vielfach benutzter Dammar-Harz-Leinöllack für helle Möbellackierung, auch dient er als Bindemittel für weiße Farben. Schleif-Öllacke sind Lacke, die in kurzer Zeit erhärten und sich mit Wasser und Bimstein schleifen lassen; man unterscheidet natürlich verschiedene Qualitäten von Schleiflack, vom Schleiflack für einfache Möbel, der oft nur die billigen Kunstharze, Benzol und wenig Leinöl enthält, bis zu feinsten Kutschen- und Autoschleiflacken. Hartlacke sind Öl- oder seltener Spirituslacke, deren Harzbestandteil mit Kalk und Glyzerin entsäuert und gehärtet ist; sie dienen vorwiegend für Fußboden- und Stuhlsitzanstriche; während Tischplattenlacke besonders fette Hartlacke sind, um den Lackfilm möglichst unempfindlich gegen Wasser und Alkohol zu machen. Harzlacke sind Öl- oder Spirituslacke, deren Harzbestandteil gehärtetes Kolophonium ist. Emaillelacke sind Lacke, die eine besondere Härte mit einem bestimmten Glanz verbinden und meist Pigmentfarben enthalten, z. B. Zinkweiß, Lithopone u. a. Japanlacke sind selten aus dem echten, giftigen Harz des japanischen Lackbaumes, sondern Ersatzprodukte, die einen harten, glasglänzenden, nie rissig werdenden Überzug geben sollen. Asphaltlacke finden in der Holzindustrie kaum Anwendung, da die notwendige scharfe Trocknung für Holz von Nachteil ist.

Zelluloselacke.

Zu den Öl- und Spirituslacken sind nun, nicht nur in der Möbel- und Instrumentenindustrie, die Zelluloselacke getreten, und zwar in der Hauptsache Nitrozelluloselacke. Schon vor dem Kriege kannte man als ihre Vertreter die sogenannten amerikanischen Zaponlacke, farblose, durchsichtige Lacke mit hartem Film, um Metallwaren gegen Oxydieren und Rosten zu schützen, aus hochviskosen Kollodiumwollen oder Zellhornabfällen, meist in Sprit und Amylacetat gelöst und ohne Pigmentierung. Ihre große Bedeutung aber haben die Nitrolacke erst erlangt, als die wirtschaftliche Not zur Rationalisierung zwang und Raum und Zeit gespart werden mußten, auch in der Holzindustrie, wo das Lackieren und Polieren von Möbeln und Musikinstrumenten infolge der langen Trockenzeiten zwischen den Arbeitsgängen das Mehrfache an Zeit erforderte als der Zusammenbau der Stücke mit den vorbereitenden Arbeiten, wo in der Lackiererei und Poliererei sich die Stücke häuften und das Mehrfache an Raum beanspruchten als die durch die Rationalisierung beschränkte Zahl der in den anderen Werkstätten gleichzeitig in Arbeit oder auf Zwischenlager befindlichen Stücke. Die wesentlich kürzere Trockenzeit ist also der Hauptvorzug der Zelluloselacke. Dazu kommt, daß die auch in die Holzindustrie eindringende Spritzarbeit Lacke von geringer Zähflüssigkeit (Viskosität) verlangt, wie sie die Öllacke ohne Schädigung ihrer Güte fast nie haben. Auch andere Vorzüge werden den Zelluloselacken nachgerühmt, große Widerstandsfähigkeit gegen Temperatureinflüsse, gegen mechanische und chemische Angriffe, gute Politurfähigkeit, naturgemäß auch Nachteile, neben dem hohen Preis die größere Feuer- und Gesundheitsgefährlichkeit, das Fehlen des Lackhochglanzes, geringe Wetterfestigkeit bei Außenanstrichen, die infolge der Härte des Films körperlich schwerere und infolge der Dünne des Films schwierigere Schleifarbeit.

Der Hauptbestandteil der Nitrozelluloselacke ist Nitrozellulose, und zwar Kollodiumwolle, ein Zellulosenitrat mit geringerem Stickstoffgehalt als Schießbaumwolle, in den Grenzen von 10,6—12,3%; für wetterfeste Anstriche die höher nitrierten Stufen, für Innenlacke (meist Schleiflacke) die niedriger nitrierten. Die Kollodiumwolle wird für Lackzwecke durch besondere Verfahren auf eine geringere Viskosität gebracht als sie der Schießbaumwolle eigen ist oder für die Zellhornfabrikation benötigt wird, sie wird außerdem besonders gewaschen und gereinigt. Neben Nitrozelluloselacken gibt es noch Lacke aus Azetylzellulose, die ebenfalls stärker oder schwächer acetyliert ist. Die bekanntesten Zelluloseacetatlacke sind die Zellonlacke, die sich dadurch auszeichnen, daß sie so gut wie gar nicht entflammbar sind. Ferner gibt es Zelluloseätherlacke mit dem Methyl-, Äthyl- oder Gykoläther der Zellulose als Grundlage und Zellhornlacke, deren Grundstoff Abfälle von Zellhorn (niedrig nitrierte Kollodiumwolle und Kampfer) sind, meist in Aceton und Amylacetat gelöst. Die Zaponlacke werden heute auch aus niedrigviskoser Kollodiumwolle, in Butylacetat und Essigäther gelöst, hergestellt und werden in der Holzindustrie z. B. angewandt zum Innenanstrich von Möbeln und besonders Musikinstrumenten, um das Arbeiten des Holzes bei wechselndem Feuchtigkeitsgehalt der Luft nach Möglichkeit zu verhindern.

Als Füllstoffe, die auch die Elastizität des Films begünstigen und die Glanzfähigkeit heben sollen, dienen Harze, Kunstharze, trocknende Öle; dazu treten nach Bedarf noch Farbpigmente, neben Erdfarben, wie Ocker und Siena, z. B. für Weiß Zinkoxyd, Titanweiß, Lithopone, Zinksulfid, seltener und unnötig das unerwünschte Antimonoxyd, für Schwarz Beinschwarz, Teer- und Ölruß, Carbonblack (Gasruß), für farbige Möbel Chromoxyde (siehe S. 6), Pariserblau, für gelbe und orange Töne auch die wenig erfreulichen Kadmiumfarben, ferner Teerfarbstoffe, z. B. Alizarinrot, Rhodamin, Nigrosin oder die sogenannten Zaponechtfarben der I. G. Farbenindustrie.

Als Lösungsmittel für die Kollodiumwolle dienen ähnlich wie bei den Harzen die verschiedensten Stoffe:

a) Alkohole; nur Methylalkohol (Methanol) und für gewisse Sorten Kollodiumwolle auch Äthylalkohol sind brauchbare Lösungsmittel, möglichst hochprozentig, weil der Wassergehalt die Güte des Films beeinträchtigt, und mit Toluol oder Benzol vergällt, nicht mit rohem Holzgeist oder Pyridin, die auf die Kollodiumwolle ungünstig wirken,

b) Ketone: Aceton, Zyklohexanon (Anon), Methylanon, Diacetonalkohol (Pyranton),

c) Ester: Äthylacetat (Essigester), Methylacetat, Amylacetat, Butylacetat (Tamasol), Zyklohexylacetat (Adronolacetat) und die Lösemittel E 13 und E 14 der I. G. Farbenindustrie, Gemische verschiedener Ester mit Methylalkohol, ferner Ester der Ameisensäure (Formiate), der Buttersäure (Butyrate) oder der Milchsäure, z. B. Methyllactat (Solactol),

d) Äther der Alkohole; der wegen seiner großen Feuergefährlichkeit sehr unerwünschte Äthyläther (Schwefeläther) ist nur in Verbindung mit Spiritus ein brauchbares Lösungsmittel für Kollodiumwolle, wohl aber z. B. Äthylglykoläther, Butylglykoläther und ihre Ester, z. B. Methylglykolacetat.

e) Acetale d. s. Aldehyd-Alkoholverbindungen (Dissolvan).

Wird statt der Nitrozellulose Acetylzellulose verwandt, so dienen als Lösungsmittel die gleichen Stoffe, vorwiegend aber Aceton, Zyklohexanon, E 13 und E 14, Diäthylenoxyd (Dioxan), Glykolacetat und Glyzerintriacetat (Triacetin), Methylacetat, Methylformiat, leider auch chlorierte Kohlenwasserstoffe, z. B. Methylenchlorid, Dichloräthan, Tetrachloräthan. Werden statt der Zelluloseester Zelluloseäther benutzt, so kommen neben den meisten der genannten Stoffe auch Toluol und Xylol in Betracht.

Vielfach werden mehrere Lösemittel verschiedener Flüchtigkeit benutzt, um ein allmähliches, gleichmäßiges Verdunsten beim Trocknen herbeizuführen, da zu schnelle Verdunstung eine starke Abkühlung bewirkt, die wiederum den Wassergehalt der Lackschicht und der auf der Lackschicht ruhenden Luftschicht kondensieren läßt, dadurch den Zelluloseester ausfällen und den Lackfilm trübe und fleckig machen kann. Auch zu langsam verdunstende Lösemittel haben neben dem Zeitverlust zuweilen Nachteile hinsichtlich des Ausfällens einzelner Stoffe und des Aussehens der Lackschicht. Deshalb ist es wichtig, daß gerade die zuletzt verdunstenden Stoffe gute Löser der Kollodiumwolle sind.

Eigenartig ist, daß unter Umständen auch Gemische von Nichtlösern oder Schlechtlösern Kollodiumwolle oder Acetylzellulose gut lösen können, z. B. Alkohol-Benzol oder Alkohol-Äther.

Typische Lösungsmittelgemische sind z. B. nach Bianchi-Weihe (Die Zelluloseesterlacke, Berlin 1931):

Für einen Spritzlack: 16 Teile Butylacetat,
                    20 ,,   Essigester,
                    30 ,,   Alkohol,
                    30 ,,   Reinxylol,
                     4 ,,   Äthylglykol.
Für einen Polierlack: 5 Teile Hexalinacetat,
                    25 ,,   Butylacetat,
                    30 ,,   E 13,
                    40 ,,   Reinxylol.
Für einen Zellulose-Streichlack:
                    30 Teile Essigäther,
                    20 ,,   Amylacetat.
                     5 ,,   Solactol,
                    15 ,,   Sprit,
                    20 ,,   Reinxylol,
                    10 ,,   Butanol.

Als Verdünnungs- und Verschnittmittel werden den Zelluloselacken zur Minderung des Preises, zur Regelung der Viskosität des Lackes, vielleicht auch der Elastizität und des Glanzes des Lackfilms die gleichen Stoffe wie den Harzöllacken zugesetzt, Benzol, Toluol, Xylol, Solventnaphtha, Benzin u. a., doch ist hier darauf zu achten, daß sie frei von Säuren und Alkali sind, und daß die weniger flüchtigen nicht nach Verdunsten der flüchtigen Stoffe die Kollodiumwolle oder andere Bestandteile des Lackes ausfällen.

Um die Dehnbarkeit und Elastizität des Lackfilms zu heben, Eigenschaften, die bei dem je nach Temperatur und Feuchtigkeit der Umluft immer mehr oder weniger starken Arbeiten des Holzes eine Notwendigkeit sind, und um die Haftfähigkeit des Lacküberzuges auf dem Holz zu erhöhen, Glanz und Glätte des Films günstig zu beeinflussen, werden den Zelluloselacken noch Weichmachungsmittel zugesetzt. Sie sind recht verschiedener Art, teils Stoffe, die man nach ihrer Wirkung auf die Zelluloseester auch als Löse- oder wenigstens Gelatinierungsmittel bezeichnen könnte, teils solche, die äußerlich auf den Zelluloseester überhaupt nicht wirken. Weichmachungsmittel sind z. B. Kampfer, der aber wegen seines Preises nur für Zellhorn, für Lacke dagegen kaum noch verwandt wird, Rizinusöl, ferner verschiedene Ester der Phosphorsäure und der Phtalsäure, z. B. Trikresylphosphat, Triphenylphosphat, Dimethylphtalat, Diäthylphtalat, Dibutylphtalat, Ester einzelner Fettsäuren, z. B. Butylstearat, Ester der Adipinsäure (Sipaline), Anilinabkömmlinge, z. B. Oxanilid (Camphol) und Acetanilid (Manol), Harnstoffverbindungen (Mollite, Zentralite), Ester der Toluolsulfosäure (Dikresylin), andere Verbindungen der Toluolsulfosäure (Plastol, Plastomoll). Auch von den Weichmachungsmitteln ist das eine mehr für Kollodiumwolle, das andere für Acetylzellulose geeignet, das eine ist besonders mit den zugesetzten Harzen verträglich, das andere mit den Farbpigmenten, ein drittes ist besonders lichtecht; aus diesem Grunde werden oft mehrere Weichmachungsmittel gleichzeitig benutzt.

Vom lacktechnischen Standpunkt ist der geringe Gehalt der Nitrolacke an filmbildenden Bestandteilen ein Nachteil, natürlich auch von wirtschaftlichem Standpunkt. Während die festen oder festwerdenden Bestandteile bei den Öllacken bis zu 80% ausmachen, erreichen sie bei guten Nitrolacken nur etwa 30%, in der Hauptsache auf 100 Teile Zellulosewolle vielleicht 60 Teile Harz und Weichmachungsmittel, g. g. F. noch etwas Farbpigment. Ein Bitumenzusatz zur Erhöhung der Filmmasse ist lacktechnisch und gewerbehygienisch von Nachteil. Im allgemeinen werden Nitrolacke an filmgebenden Bestandteilen eine Zusammensetzung haben: Zellulosewolle : Harz : Weichmachungsmittel = 3:2:1. Ein weiterer Nachteil ist es, daß Nitrolacke wegen ihrer schnellen Trocknung und zu dünnen Filmbildung unter dem Pinsel nach Fläche, Glanz und Farbe ungleichmäßige Überzüge geben und deshalb meist nur versprizt werden können. Man hat aus diesem Grunde, und zwar mit Erfolg, versucht, Harz-Öllacke und Zelluloselacke unter Beachtung der Verträglichkeit ihrer einzelnen Bestandteile miteinander zu mischen, sogenannte Kombinationslacke, die mit dem Pinsel verstrichen werden, einen guten Film geben und doch schnell trocknen. Man kommt bei ihnen bis auf 50% Trockengehalt.

Das Lackmattieren.

Das Lackmattieren geschieht entweder durch Aufstreichen oder Aufspritzen eines besonderen Mattlackes oder durch leichtes Aufrauhen der Lackfläche. Dies wird herbeigeführt durch zartes Schleifen mit Filz und Bimssteinpulver oder durch Abreiben mit einem Roßhaarballen oder feiner Stahlwolle, gegebenenfalls unter vorherigem Aufstrich von ganz geringen Mengen Paraffinöl. Die Mattlacke sind teils besondere Nitromattlacke, allein oder in Mischung mit Schellack, teils Öllacke, teils Schellacklösung in Spiritus, meist unter Zusatz von etwas Olivenöl, Knochenöl oder Paraffin, Karnaubawachs, fettsaurer Tonerde und geringen Mengen Amylacetats oder anderer leichtflüchtiger Lösungsmittel, die in der Hauptsache das Wachs oder den Wachsgehalt des Schellacks in Lösung halten und den ursprünglichen Lackfilm an seiner Oberfläche leicht erweichen sollen, zuweilen auch mit Zusatz staubfein gemahlener Erdfarben. Solche Mattlacke gehen unter den verschiedensten Phantasienamen, z. B. Brunoleine (Öllack-Wachs-Sikkativ-Mischungen), Brillant- oder Salonmattierung (Schellackätherlösungen), Matteine, Dullolacke (Schellack-Wachs-Ölpräparate). Die Nitromattlacke sind sowohl Kollodiumwollacke, wie Lacke aus Zellhornabfällen und Zelluloseätherlacke.

Erwähnt seien hier als Sonderbeispiele der Mattlackierung wegen ihrer Gesundheitsgefährlichkeit: die Lack-Elfenbeinimitation auf Holz, für die ein Rezept lautet: 1 kg Kollodium (250 g Nitrzellulose, 120 g Alkohol, 630 g Äther), 20 g Bleiweiß mit Leinöl ∴ gerieben, 60 g Leinöl, 10—12 mal mit dem Pinsel aufgetragen (Ätherdämpfe), leicht geschliffen (Bleiweißstaub), zuletzt reines Kollodium aufgetragen und nach Trocknung abgekalkt; ferner das Mattbronzieren von Rahmenleisten nach altem Verfahren, bei dem trockene Metallstaubbronze mit dem Pinsel oder Plüschlappen auf die mit Öl angelegte Leiste aufgetragen wird und dabei natürlich in erheblichem Maße verstaubt, nachdem die Leiste vorher schon unter starker Staubentwicklung abgebimst war.

Das Polieren.

Der Zweck des Polierens ist, eine vollkommen ebene, glatte, reflektierende Fläche zu schaffen. Bei harten, porenfreien Stoffen geschieht dies durch fortgesetztes, feinstes Schleifen, z. B. bei Glas, Stein, Metall. Gut gehobeltes und geschliffenes Holz erscheint dem Auge dagegen noch immer matt und nicht genügend reflektierend, weil die Poren, Schleifrinnen und feinen Holzfäserchen, wenn auch im einzelnen kaum erkennbar, Schatten werfen und Lichtbrechungen verursachen. Nur bei Schleifen mit feinster Stahlwolle und Nachschleifen mit Roßhaar läßt sich ein schöner Seidenmattglanz erzielen. Auch der Lackfilm hat noch nicht die Glätte, um vollkommen zu reflektieren, teils weil der Lack in die fast nie gleichmäßig gefüllten Poren und Schleifrinnen eingesunken ist, wenn auch nur um Hundertteile eines Millimeters, teils weil er beim Pinsellackieren nicht in ganz gleichmäßiger Stärke aufgetragen oder zerflossen ist, teils weil beim Spritzen — je nach dem Spritzdruck und der Dünnflüssigkeit des Lackes mehr oder weniger — feinste Löcher der einzelnen Spritzstrahlen zurückbleiben, sogenannter Orangeschaleneffekt. Schleifen allein, d. h. Beseitigung der kleinen Erhöhungen genügt also nicht, man muß vielmehr Hilfsmittel benutzen, die in die Vertiefungen eingerieben werden und dort erhärten. Um ein verschiedenes Reflektieren der abgeriebenen und der aufgefüllten Stellen zu vermeiden, werden schließlich ein oder mehrere hauchdünne, den gewünschten Hoch- oder Mattglanz gebende Filme durch Aufreiben oder Spritzen und nachheriges Trockenreiben aufgetragen. In der

Praxis ergeben sich im allgemeinen zwei Polierverfahren, das Polieren auf Holz, überwiegend mit Schellack, seltener mit besonderen Zellulosepolituren, und das Polieren auf Lack, meist mit Nitropolitur, seltener mit Schellack.

Das Schellackpolieren auf Holz, und zwar rohem oder gebeiztem, benutzt den Schellack, in Spiritus gelöst — in der Regel $12^1/_2$%ige Schellackpolitur, d.h. 1 kg Schellack auf 7 kg Spiritus von 96% —, zunächst zur Härtung der Holzoberfläche und zum Nachfüllen der Poren und Vertiefungen g. g. F. unter Zusatz von Bimsstein, zuweilen auch Erd- und Körperfarben (Porenfüllen und Grundpolieren), und zwar mittels Spachtel oder Pinsel oder Polierballen. Nach Schleifen der nicht in die Poren eingedrungenen, sondern auf der Holzfläche haftengebliebenen Masse mit festem Schleifpapier feiner Körnung und Öl (mit Terpentin verdünntes Leinöl oder auch Mineralöle, Vaselinöle, Paraffinöle), nochmaligem Auftragen von Schellackpolitur und wiederholtem Schleifen erfolgt das Nach- oder Deckpolieren mit wenig Polieröl (Knochenöl, Paraffinöl, Leinöl, Rüböl), dem ganz wenig Schellack beigemischt ist, mittels des Polierballens, einem Wollbausch, mit Leinen oder für feinste Arbeiten mit Seide überzogen, durch die sich die Politur langsam hindurchdrückt. Je hochglänzender die polierte Fläche sein soll, desto häufiger muß gedeckt und geschliffen werden. Zum Schluß wird fertig- oder auspoliert, um die letzten, nicht verdunsteten Ölreste zu entfernen; es geschieht mit hochprozentigem Spiritus, Benzoelösung, Wiener Kalk und Schwefelsäure, alles in sehr geringen Mengen bzw. wenigen Tropfen, um die Politurschicht nicht anzugreifen. Gutes Schellackpolieren ist zweifellos eine Kunst, weil es nicht nur auf gleichförmige und zeitlich gleichmäßige Behandlung der ganzen Fläche und gleichmäßig schwachen Druck auf alle Stellen, sondern auch auf das richtige, keineswegs für alle Fälle gleiche Verhältnis von Schleifmittel, Öl, Spiritus und Schellack ankommt. Deshalb gibt es auch unzählige Rezepte, womöglich für jedes Holz und jede Möbelart ein anderes. Als Beispiele für Sonderfälle seien nur angeführt die sogenannte französische Politur: 75% Kopal, 75 g Schellack, 75 g Gummiarabikum oder Kleber auf 1 Liter absoluten Alkohol; die russische Politur, die bekanntlich einen besonderen Glanz gibt, bei der das Wachs des Schellacks ausfiltriert und durch Mastix ersetzt wird. Am bedenklichsten und auf alle Fälle zu verwerfen ist ein Rezept, nach dem statt Spiritus Methylalkohol verwendet werden soll. In ähnlicher Weise wie mit Schellack kann auch mit besonderen Zellulosepolituren poliert werden mit dem von Hand geführten Polierballen. Der Unterschied ist nur, daß nicht für sich geschliffen und poliert wird, es wird vielmehr etwas Bimsstein und Polieröl gleich auf den Polierballen gegeben sowohl beim Grundpolieren wie beim Nachpolieren; das Auspolieren erfolgt mit sogenanntem Polierwasser (siehe unten). Solche Zellulosepolitur enthält meist Zelluloseacetat als Grundstoff, z. B. 7 Teile Zelluloseacetat, 52 Teile Methylacetat, 48 Teile Äthylacetat oder 12 Teile Acetylzellulose in 100 Teilen Amylacetat unter Zusatz von Manilakopal, in Politurspiritus gelöst.

Das Polieren auf Lack ist zuweilen wünschenswert, weil manche Lacke zwar glänzend trocknen, diesen Glanz aber nicht halten, andere Lacke infolge ihrer Farbpigmente nie einen ganz kornfreien Film geben. Wir müssen unterscheiden zwischen dem Polieren von Nitrolacken und von Öllacken, und zwar mittels Schellackpolitur oder mittels Nitropolitur. Der Nitrolackfilm ist hart, dicht, elastisch, und sofern es sich um farblose oder mit Teerfarben gefärbte Nitrolacke handelt, auch ohne Pigmentkörner. Er läßt sich also durch einfaches Schleifen mit gefahrlosen Schleifmitteln, Abtrocknen und nachheriges Trockenpolieren mit dem Wollballen auf Hochglanz bringen. Solche Schleifmittel sind z. B. Wiener Kalk, Tripel, geschlämmte Holzkohle, Bimssteinpulver und Wasser oder wasserfestes Schleifpapier und Wasser. Auch das vereinzelt vorkommende Schleifen mit Schachtelhalm oder kieselsaurer Kreide wird man trotz des Kieselsäuregehaltes beim Naßschleifen mit Hand nicht als gefährlich bezeichnen können. Für farbige Nitrolackfilme mit Pigmenten genügt meist das gleiche Verfahren, wenn auch schärferes Schleifen angewandt werden muß. Wenn man den Schleifvorgang durch Zuhilfenahme von Schleiföl fördern und verkürzen will, was z. B. beim Polieren von Öllacken (außer Hartkopallacken) notwendig ist, weil diese sich bei längerem ölfreiem Schleifen zu sehr erwärmen und weich werden, so müssen Mineralöle, z. B. Petroleum, unter Zusatz von wenig Terpentinöl zu Hilfe genommen werden, gegebenenfalls als fertige Paste mit den obengenannten Schleifmitteln angemacht. Der Ölhauch muß aber nachher wieder entfernt werden durch sogenanntes Polierwasser, eine Emulsion oder Verseifung von Öl und hartem Wachs, z. B. Karnauba, unter Beimischung feiner Schleifmittel sowie sehr geringer Menge flüchtiger Lösemittel (Alkohol und Essigester) und verdünnter Säure, meist Schwefelsäure — auf 85 Teile Wasser 15 Teile Schwefelsäure der verdünnten Handelsware. Die in den Polierwässern enthaltenen Lösemittel und Säuren dürfen nur sehr schwach sein, da sie sonst die Lackierung zerstören würden. Mit dem Polierwasser wird wie mit Polituren gearbeitet, d. h. mit dem schwach getränkten Polierballen. Trocken gerieben wird dann mit feinster Wolle oder ganz weichem Leder.

Soll die geschliffene Lackfläche noch nachpoliert werden, so kann entweder Schellackpolitur oder Nitropolitur verwendet werden. Für erstere kann die althergebrachte Politur nicht benutzt werden, sie würde auf dem harten Film nicht haften; es gibt aber verschiedene Sondererzeugnisse, die ein schwaches Lösemittel enthalten, das den Lackfilm leicht erweicht; ein äußerst vorsichtiges Arbeiten mit gleichmäßiger Flächendeckung und gleichem Druck ist hier aber Voraussetzung.

Die Verarbeitung von Nitro-Spritz- oder -Handpolituren ist einfacher und erfordert weniger Zeit. Die Nitropolituren sind in ihrer Zusammensetzung nicht wesentlich verschieden von den Spritzlacken, müssen aber der Arbeit mit dem Polierballen angepaßt sein, müssen sich also durch den Ballen hindurchdrücken, dürfen aber nicht zu schnell trocknen. Ein Auspolieren mit Polierwasser und ein Abwienern mit feingepulvertem Wiener Kalk auf dem Polierballen findet auch hier statt.

Neben den verschiedenen, ausgesprochenen Polierverfahren gibt es Mischverfahren, die einzelne Arbeitsgänge der verschiedenen Verfahren miteinander zu verbinden suchen, am meisten sind sie üblich in der Musikinstrumentenindustrie und in der Bilderrahmenfabrikation. Gewerbehygienisch bieten sie keine Sonderheit gegenüber den anderen Verfahren, da die gleichen Stoffe benutzt werden. Es sei aber ein Beispiel angeführt, um zu zeigen, wie verwickelt die Arbeit ist, und wie schwer, ja unmöglich es daher ist, bei etwaigen Gesundheitsstörungen einen bestimmten Arbeitsgang oder einen bestimmten Stoff als die Ursache anzugeben:

Arbeitsgänge für ein gebeiztes und geschliffenes Flügelgehäuse aus Birnbaumholz in Ebenholzimitation:

1. Der sonst übliche erste Arbeitsgang, das Porenfüllen, kann ausnahmsweise unterbleiben, da besonders kleinporiges Holz gewählt ist.
2. Dreimal mit schwarzem Zellonpolierlack gespritzt in Abständen von je 1 Tag, 4 Wochen trocknen.
3. Maschinelles Schleifen mit Schleifpapier und Schleiföl (Petroleumdestillat), entölen mit Sägespänen, feuchten mit Holzessiglösung.
4. Polieren mit Zellulosepolitur mittels maschinell bewegtem Polierballen, Trocknen 1 Tag.
5. Sechsmaliges maschinelles Polieren mit Zellulosepolitur und Paraffinöl, Trocknen.
6. Handpolieren mit Zellulosepolitur.
7. Dreimaliges Handpolieren mit Schellackpolitur, Trocknen.
8. Auspolieren mit Benzoeöl.
9. Entölen mit Magnesia und Kreide in Wasser, das 5% Schwefelsäure enthält, Trockenwischen.

Nicht zu den Polierverfahren gehört das auch bei uns angewandte sogenannte amerikanische Polieren; es ist ein reines Lackierverfahren, das den Zweck verfolgt, den für tropische Hitze und Feuchtigkeitsverhältnisse wenig geeigneten Schellack zu vermeiden; er wird durch besten Kopalöllack, mit Terpentin verdünnt, ersetzt. Infolge des langsamen Trocknens und der während der Bearbeitung und Trocknung sehr empfindlichen Lackschicht verlangt das Verfahren einen ganz besonders staubfreien Arbeits- und Trockenraum.

Die Gesundheitsgefahren.

Das Arbeitsklima. Bei der Betrachtung der Gesundheitsgefahren darf man nicht die physiologische Wirkung der benutzten Stoffe allein ins Auge fassen, man muß vielmehr auch das Arbeitsklima und die Arbeitsweise des Arbeiters betrachten. Um ein langsames Erstarren des Leims und ein möglichst schnelles Trocknen der Lacke und Polituren zu erzielen, sind die Tischlerwerkstatt und in größeren Betrieben der besondere Lackier- und Polierraum immer wärmer als andere Arbeitsräume, 20, 22 auch 25°, besondere Trockenräume bis zu 35°. Tischler und Lackierer arbeiten daher meist leicht angekleidet mit entblößtem Unterarm und schwitzen leicht, auch bei einer Arbeit, die noch gar nicht anstrengend zu sein braucht. In dem Bestreben, die Wärme nicht entweichen zu lassen, und die wünschenswerte Gleichmäßigkeit der Temperatur zu halten, sowie den Lack-, Polier- und den etwaigen Trockenraum zur Erzielung einwandfreier Lack- und Polierflächen staubfrei zu halten, sind Tischler und Lackierer wenig geneigt, die Fenster gelegentlich zu öffnen oder gar solange offen zu lassen, als mit der Verdunstung flüchtiger Stoffe zu rechnen ist. Bei feuchter Außenluft werden sie in dieser Hinsicht erst recht vorsichtig sein, da Feuchtigkeit nicht nur verzögernd auf die Trocknung von Lack und Politur wirkt, sondern auch dauernde Schädigung des Aussehens des Lackfilms bewirken kann. Aus diesen Gründen sind Tischler und Lackierer auch keine Freunde künstlicher Lüftung, deren Wirkung sie persönlich meist als Zug empfinden, die durch die nachströmende Luft die Temperatur des Raumes beeinflussen, die Staub aufwirbeln und ihre Arbeitserzeugnisse schädigen könnte. Es muß zugegeben werden, daß es sehr schwer ist, einwandfreie, den jeweiligen Verhältnissen angepaßte Lüftungseinrichtungen, denen diese Mängel nicht anhaften, zu schaffen, zumal es auch Arbeitsverfahren gibt, für die sie nicht angebracht sind, z. B. das sogenannte amerikanische Polieren, das einen besonders staubfreien Lackier- und Trockenraum verlangt, auf dessen Gebrauch wir allerdings nicht angewiesen sind. Im allgemeinen wird man aber auch auf künstliche Lüftung verzichten können, wenn Arbeitgeber und Arbeitnehmer sich an natürliche Lüftung besser gewöhnen, zur Not auch unter Aufwendung etwas größerer Erwärmungskosten in der kalten Jahreszeit und Inkaufnahme einer unter Umständen wenig verlängerten Trockenzeit für das Arbeitsgut. Der Staubeintritt läßt sich, sofern nicht ungewöhnliche örtliche Verhältnisse vorliegen, durch Bespannung der Öffnungsflächen mit leichtem Nesselgewebe hintanhalten. Anders liegt es, wenn Spritzlackierung angewandt wird. Hier sollte eine künstliche Absaugung der Spritznebel auf alle Fälle erfolgen und zwar, soweit irgendwie möglich, eine Platzabsaugung, wenn auch anerkannt wird, daß eine solche bei sperrigen Möbelstücken und Musikinstrumenten, die beim Spritzen auch noch gewendet werden, nicht immer voll angreifen kann, ohne unter Umständen eine ungleichmäßige Trocknung herbeizuführen und den Lackfilm in seinem Aussehen ungünstig zu beeinflussen oder den Arbeiter durch Zug zu belästigen; dann muß aber mindestens eine gute Raumabsaugung vorhanden sein, und zwar wegen der Schwere der meisten Lösemitteldämpfe und im Sinne günstigster Staubbewegung am Fußboden. Das die Nebelbildung vermindernde, nicht aber die Verdunstung der Lösemittel verhindernde Niederdruckspritzverfahren kann zum Bespritzen von Holz oder von Lackfilmen kaum angewendet werden, ohne die Haftung des Spritzstoffes und damit die Güte des Spritzüberzuges zu beeinträchtigen. Andererseits soll auch nicht mit mehr als 2 atü gespritzt werden. Wegen der Absaugungseinrichtungen sei auf die Schrift der Deutschen Gesellschaft für Gewerbehygiene „Die Beseitigung der beim Tauch- und Spritzverfahren entstehenden Dämpfe", 2. Auflage, Berlin 1930, verwiesen. Besonderer Wert muß auf eine möglichst staubfreie und temperaturgleiche Beschaffenheit der für die abgesaugte Luftmenge nachströmenden Frischluft gelegt werden. Auf die Ofentrocknung von Lack oder Politur braucht nicht eingegangen zu werden. Sie kommt in der Holzindustrie kaum vor, höchstens eine Warmlufttrocknung in der Form, daß ein besonderer Trockenraum auf höhere Temperatur — bis zu 35° — gebracht wird.

Zu der wünschenswerten Staubfreiheit des Lackier-, Polier- und Trockenraums trägt es bei, wenn die Wände mit glattem, abwaschbaren Ölanstrich versehen werden, wenn der Fußboden fugenlos und aufwaschbar hergestellt wird (Steinholzboden, Hartasphalt), wenn Ofenheizung vermieden und für Reinhaltung des Raumes einschließlich der Heizkörper, Fenster, Lampen und Arbeitstische gesorgt wird.

Arbeitsweise, Haltung und Einstellung des Arbeiters. Die Arbeitsweise des Lackierers und Polierers hat sich durch die neueren Arbeitsverfahren stark geändert. Früher hieß es

1. keine Kraft anwenden; je zarter und langsamer poliert wurde, um so besser für das Gelingen der Politur;

2. abwarten; die Güte der Lackierung und Polierung hing von der Dauer der Trocknung der einzelnen Lack- und Politurschichten ganz wesentlich ab.

Heute ist es anders; das Schleifen eines Nitrolackfilms erfordert größere Kraftanstrengung. Das Hantieren mit der Spritzpistole ermüdet trotz des kürzeren Zeitaufwandes mehr als das Arbeiten mit dem Pinsel. Zellulose-, Lack- und Politurpräparate können und müssen schneller und damit intensiver verarbeitet werden. Der Zweck der Einführung der Zellulosestoffe in die Lackier- und Poliertechnik ist die schnellere Aufeinanderfolge der einzelnen Arbeitsgänge. Daraus ergibt sich eine stärkere Einwirkung der Stoffe auf den Körper der Arbeiter, einmal durch die tiefere Atmung infolge der Anstrengung und dann durch die Folgen der Wärmewirkung — Schweißbildung, Beseitigung der Bekleidung an gefährdeten Hautstellen, stärkeres Waschbedürfnis, allerdings gleichzeitig durch Farb- und Ölverschmutzung beeinflußt, stärkeres Trinkbedürfnis —. Zur Beurteilung der Möglichkeit der Einatmung schädlicher Dämpfe muß weiter die Haltung des Arbeiters beim Spritzen, beim Pinseln, Lackieren und beim Polieren mit dem Ballen betrachtet werden. Aus technischen Gründen und solchen des bequemeren Arbeitens wird das Arbeitsstück meist so gestellt oder gelegt, daß die Arbeitsfläche waagerecht liegt. Beim Pinseln, Schleifen, Ballenpolieren, aber auch gelegentlich beim Spritzen ohne Spritzkasten ist der Arbeiter also mit dem Kopf auf das Arbeitsstück gebeugt und den Dämpfen verdunstender Stoffe oder, wenn auch in sehr geringem Maße, etwaigem Schleifstaub unmittelbar ausgesetzt. Bei maschinellen Schleifen und Polieren sind Hand, Auge und Mund natürlich wesentlich weiter von der Arbeitsfläche entfernt. Beim Spritzen mit besonderem Spritzkasten für das Arbeitsstück wird der Arbeiter ebenfalls eine gewisse Entfernung von dem Spritzkegel und der Spritzfläche wahren können; aber auch wenn eine Spritzkabine nicht vorhanden oder nicht zu benutzen ist, gute Platz- oder Raumabsaugung vorausgesetzt, wird er bei richtiger

Stellung vermeiden können, daß sein Atembereich im Strom der abziehenden Nebel und Dämpfe liegt. Vollständig wird er sich diesen nicht enziehen können; aber nur, wenn besonders sperrige Stücke zu bearbeiten sind, vielleicht auch von verschiedenen Seiten, und infolgedessen eine gleichmäßige, gut wirkende, den wechselnden Arbeitsstellen folgende Absaugung nicht möglich ist, oder wenn aus besonderen Gründen ein sehr gefährlicher Stoff verarbeitet wird, wird der Arbeiter sich mit der vorübergehenden Benutzung einer Gasmaske, und zwar eines leichten Filtergerätes mit dem dem Stoff entsprechenden Einsatz befreunden müssen. Bei dem Wechsel der Arbeiten — Spritzen, Trocknen, Schleifen, Polieren — ergeben sich immer größere, beim Wenden und Umlegen sperriger Stücke auch kleinere Pausen, in denen er das Filtergerät gut absetzen kann.

Gegen Verschmutzung der Hände und Unterarme durch Lackspritzer, durch Durchdrücken der Politur aus dem Ballen, Spritztropfen usw. wird sich·der Arbeiter nie vollkommen schützen können. Handschuhe wird er nicht gern tragen, da sie das bei der Führung des Pinsels oder Polierballens wünschenswerte Fingerspitzengefühl beeinträchtigen und auf die Dauer lästig sind. Sie sollen auch nur für sehr hautempfindliche Personen und sehr schädliche Stoffe empfohlen werden. Zu beachten ist, daß Gummihandschuhe bei manchen Löse- und Verdünnungsmitteln ungeeignet sind, bei dem einen oder anderen auch Lederhandschuhe. Wichtiger als das Handschuhtragen ist die Hautpflege, über die noch zu sprechen sein wird.

Wie bei allen Fragen des Arbeiterschutzes, ist auch hier die Einstellung des Arbeiters zu der Sache selbst und zur Gesundheitsgefahr von Bedeutung. Der Arbeiter verschließt sich der wirtschaftlichen Notwendigkeit einer Beschleunigung der Lackier- und Polierverfahren und der Trockenzeiten nicht. Wenn zu der Beschleunigung die in engem Zusammenhange miteinander stehende Einführung der Nitrolacke und Anwendung des Spritzverfahrens beitragen, wird er sich damit abfinden. Wichtiger für ihn als die immerhin in beschränkten Grenzen sich haltende Vermehrung der Unfälle und Gesundheitsgefahren ist vielleicht die leichtere Möglichkeit des Ersatzes gelernter Kräfte durch ungelernte, die aber in der Holzindustrie vorläufig erheblich weniger als in der Metallindustrie Platz gegriffen hat. Daß der Arbeiter sich aber zunächst gegen die Gefahren wendet, ist verständlich und notwendig; erklärlich ist es aber auch, daß er dabei wohl etwas schwarz sieht. Wenn einzelne Arbeiter unter der Einwirkung verschiedener Stoffe beim Beizen, Lackieren, Polieren gewiß empfindlich leiden, so ist es doch verkehrt, anzunehmen, daß nun jeder an der gleichen Stelle oder mit dem gleichen Stoff arbeitende Mitarbeiter über kurz oder lang von der Gesundheitsschädigung ebenso befallen werden müßte. Zweifellos bestehen sowohl in der Hautempfindlichkeit wie in der Empfänglichkeit bei Einatmung gegenüber den in Frage kommenden Stoffen wesentliche Unterschiede, ebenso kann allerdings nicht bestritten werden, daß der einzelne Mensch in verschiedenem Alter, zu verschiedenen Zeiten und unter Einwirkung von mancherlei Umständen verschieden empfänglich ist. Es mag dahingestellt bleiben, ob der Polierer und Lackierer unter dem Einfluß der Änderung der Arbeitsweise den toxischen Einfluß gefährlicher Stoffe vielleicht überschätzt, weil er, ganz naturgemäß, die Wirkungen nicht immer auseinander halten kann. Stärkere Schweißabsonderung, ein leichtes Herzklopfen, Ermüdungsgefühl, Appetitsbeeinträchtigung, Hustenreiz, Durstgefühl brauchen noch nicht auf die Einatmung schädlicher Dämpfe oder ihre Giftwirkung zurückzuführen sein. Ebenso darf der Arbeiter sich nicht durch den Geruch der verschiedenen Bestandteile von Beizen, Lacken oder Polituren täuschen oder beeinflussen lassen. Scharfer, durchdringender Geruch ist nicht immer ein Zeichen der Giftigkeit des Stoffes, und nicht selten wird der Geruch des schädlichen Bestandteils durch den anderer Bestandteile übertönt oder absichtlich unterdrückt. Ein Geruch kann dem einen gleichgültig sein, einem anderen unangenehm und einem Dritten so widerlich, daß er Brechreiz bekommt und arbeitsunlustig wird. Es gibt bei den in Frage kommenden Stoffen Gerüche, die manchem Arbeiter durchaus angenehm sind, z. B. Terpentin, Amylacetat, ja auch solche, die ihn bis zur Süchtigkeit beeinflussen. Eine Gewöhnung ist bei vielen Gerüchen den meisten Menschen möglich.

Die große Flüchtigkeit vieler benutzter Stoffe ist gleichfalls keineswegs immer ein Zeichen besonderer Gefährlichkeit, wohl aber wird man bei den an sich schädlichen Stoffen eine Erhöhung der Gefahr darin erblicken können.

Leider muß man, wie manche Massenerkrankungen in gewerblichen Betrieben in den letzten Jahren gezeigt haben, bei der Konstitution und heute erklärlichen Empfindlichkeit und Einstellung vieler Arbeitskräfte, insbesondere von Arbeiterinnen, auch mit einer Massensuggestion gelegentlich rechnen müssen; gerade bei der narkotischen Wirkung mancher Lösemitteldämpfe, bei Alkoholdämpfen u. a., wird man diese Gefahr nicht von der Hand weisen können, wenn sie auch noch eingehender Untersuchungen bedarf.

Die chemisch-physiologische Wirkung der benutzten Stoffe.

Bei den Beizverfahren sind die Stoffe bereits genannt worden, die besonders gefährlich sind und zum Teil auch unbedenklich ausgeschaltet werden können. Es bleiben an Stoffen, die unter Umständen schädlich wirken können, außer Spiritus, Aceton, Benzol, Terpentin, die zu den Löse- und Verdünnungsmitteln gehören und mit diesen behandelt werden sollen, noch die Chromsalze und einige Entwickler. Auch sie werden beim Beizen in so verdünnten Lösungen verarbeitet, daß bei einiger Vorsicht eine Gefahr nicht besteht. Dazu kommt, daß kaum ein Tischler oder Lackierer längere Zeit hindurch nur beizt, und daß die bedenklicheren Arbeiten, z. B. das Zerkleinern der Chromsalze in Tischlereien nicht vorkommt; die Beizen werden vielmehr fertig bezogen, oder die Salze und Gerbstoffe werden in lösefähiger Form gekauft. Auf die Vorsichtsmaßregeln, insbesondere Hautpflege, ist an anderer Stelle verwiesen worden.

Beim Lackieren und Polieren begegnen uns immer wieder die gleichen Stoffe, aber fast nie allein, sondern in Lösungen und Gemischen mit anderen Stoffen oder doch in gleichzeitiger Bearbeitung mit anderen Stoffen, und es ist in vielen Fällen, und zwar nicht nur für den betroffenen Arbeiter, sondern auch für den Arzt und den Gewerbeaufsichtsbeamten schwer zu sagen, welcher Stoff nun der toxisch wirksame ist, oft wird es tatsächlich die Einwirkung mehrerer Stoffe sein, die eine Erkrankung auslöst, verursacht oder schwerer gestaltet.

a) Die Harze. Die Naturharze sind sowohl in fester Form wie gelöst unbedenklich, mit Ausnahme vielleicht von schlecht gereinigtem Schellack, der bei einigen wenigen Leuten Hautreizungen verursacht, und von echt japanischem Lackharz. Schellackempfindliche Leute gehören aber nicht in die Holzlackiererei und -Poliererei, vielleicht auch nicht in die Metallackiererei, denn sie werden wahrscheinlich auch gegen andere Stoffe empfindlich sein.

Die immer mehr aufkommenden Kunstharze sind in ihrer gesundheitlichen Wirkung bei ihrer Anwendung noch nicht genügend erforscht. Bei der Gewinnung und auch bei der Benutzung ihrer Einzelbestandteile, z. B. Phenole, Formaldehyd kommen Gesundheitsschädigungen vor, ebenso bei ihrer Verarbeitung zu Kunststoffen, z. B. bei der Bakelitherstellung, dagegen liegen einwandfreie Feststellungen über Schädigungen durch die fertigen Kunstharze bei ihrer Verwendung offenbar nicht vor; es mag aber doch zweifelhaft sein, ob nicht bei ihrer Lösung — unabhängig von der Wirkung des Lösungsmittels selbst — oder beim späteren Schleifen und Erwärmen Bestandteile wieder voneinander getrennt werden, wenn auch nur in den kleinsten Mengen, und wirksam werden können.

b) Die pflanzlichen Öle, auch das mit Bleiweiß-Sikkativ verkochte oder mit Chlorschwefel faktisierte Leinöl, können im allgemeinen als ungefährlich gelten, außer vielleicht dem chinesischen Holzöl, bei dessen Verwendung hier und da Hautangriffe festgestellt worden sind. Fertige Holzöllacke aber zeigen diesen Nachteil offenbar nur, wenn auch das Verdünnungsmittel nicht einwandfrei ist. Welche Bestandteile der Holzöle, flüssige Glyzerine, freie Fettsäuren oder irgend welche Verunreinigungen dabei wirksam sind, ist mit Sicherheit nie festgestellt worden. Als Ersatz für das nur in beschränkten Mengen vorhandene und in guter Qualität nicht billige Leinöl wird man auf die Holzöle nicht verzichten können. Terpentinöl, Kienöle und Holzteeröle können bei empfindlichen Leuten ebenfalls Ekzeme verursachen. Terpentinöl gehört aber ebenso wie Schellack oder Spiritus so zum Arbeitszeug des Lackierers und Polierers, daß man Leute, die wiederkehrend durch Terpentinöl an Ekzemen erkranken, mit anderen Arbeiten beschäftigen oder entfernen sollte. Neben den Hautschädigungen wird bei stärkerem Verbrauch von Terpentinöl, und zwar nicht nur von einzelnen Leuten, über Hustenreiz und Augenreizungen, vereinzelt auch über Durstgefühl, Schwindelgefühl, Benommenheit, Pulsbeschleunigung, Appetitbeeinträchtigung geklagt. Wirksam sind offenbar die Pinene, Kinene und Terpene, weniger der Säuregehalt (Essigsäure, Abietinsäure). Ob die als venetianisches, französisches, russisches oder amerikanisches Terpentin im Handel vorkommenden Produkte verschieden stark wirken, ist nicht bekannt. Kienöl, Holzteeröl und die sogenannten entkampferten Terpentine aus der Fabrikation künstlichen Kampfers scheinen jedenfalls stärker zu wirken; vielleicht liegt es daran, daß sie oft recht unregelmäßig ausfallen, Hydroterpin, ein hydriertes Kienöl aus Nadelholzstubben, dagegen schwächer, doch fehlen auch hier genauere Untersuchungen. Wenn auch Terpentinöl infolge seines hohen Preises mehr und mehr durch Mineralöle ersetzt wird, so kann der Lackierer und Polierer für verschiedene Zwecke doch nicht darauf verzichten, auch gewerbehygienisch ist der Ersatz meist kein Vorteil. Wo Belästigungen auftreten, muß durch ausreichende Lüftung geholfen werden. Unabhängig aber von wirklichen Belästigungen und Schädigungen ist sorgfältige Hautpflege als Vorbeugungsmittel unerläßlich. Wenn auch viele Tischler seit Jahr und Tag ungestraft Terpentin, Lack und Farbe von den Händen mit Spiritus entfernen und eine Einfettung der Haut nicht kennen, so kann dieses Verfahren doch nicht empfohlen werden, zum mindesten muß nach gründlichem Abwaschen des Terpentins und Spiritus mit warmen Wasser eine Einfettung mit Lanolin oder Glyzerin vorgenommen werden. Zu Polierekzemen neigenden Leuten empfiehlt Gewerbemedizinalrat Dr. Beintker (Jahresbericht der preuß. Gewerbemedizinalräte 1929), nach Reinigung der Haut mit Spiritus die Hände mit warmen Wasser und überfetteter Seife (keine Kernseife oder Schmierseife) zu waschen, dann eine Paste von 10 Teilen Wachs, 40 Teilen Lanolin, 30 Teilen Glyzerin gründlich in die Haut einzureiben; die gleiche Paste ist auch vor Beginn der Arbeit in die Handhaut zu reiben. Die Berufsgenossenschaft der Musikinstrumenten-Industrie empfiehlt zwei Sondermittel zur Reinigung der Hände von Terpentin und Lacken: Terpenzinol und Eskazet extra, mahnt aber zu starker Verdünnung der Mittel in heißem Wasser, 1:15 bis 1:18, gründlichem Nachspülen mit klarem Wasser und Einreiben der Hände mit Vaseline.

Das als Weichmachungsmittel für gewisse Zwecke benutzte Rizinusöl kann als ungefährlich bezeichnet werden, auch das zwecks schnellerer Trocknung durch Blasen oxydierte und das acetylierte Rizinusöl.

c) **Die Löse- und Verdünnungsmittel.** Die physiologische Wirkung der Lösungs- und vieler Verdünnungsmittel beruht in erster Linie auf der Lösung der Fette, einmal der Haut, die sie dadurch trocken, spröde, rissig und für weitere Schädigungen empfänglich, aber auch für ein Durchdringen etwaigen Giftgehaltes der Stoffe in den Körper geeignet machen, dann aber auch im Körper durch Störung des Fetthaushalts einzelner Organe, der Nervenzellen und des Gehirns, worauf zum Teil ihre narkotische Wirkung beruht. In zweiter Linie spielt die Wasserabstoßungsfähigkeit oder Wasserlöslichkeit eine Rolle, die sich in Reizwirkungen auf die Schleimhäute der Atmungswege und auch des Auges bemerkbar macht, und in dritter Linie die vielfach noch nicht geklärte Sonderwirkung einzelner Stoffe auf bestimmte Organe, z. B. Nieren, Leber, Gehirn, Sehnerv.

1. **Kohlenwasserstoffe:** Sie dienen als Terpentinersatz, aber auch für sich als Lösemittel, in weit stärkerem Maße aber als Lackverdünner

und Verbilliger. Die gebräuchlichsten sind Benzol und seine Homologen, Toluol, Xylol und Solventnaphtha, die alle Haut und Schleimhäute reizen, bei stärkerer Konzentration ihrer Dämpfe in der Luft Erregung, Benommenheit, Übelkeit verursachen und bei dauernder Einwirkung zu Blutarmut, ständigen Kopfschmerzen, Blutungen an den Schleimhäuten und Zusammenbruch führen können. Deshalb sollte man jüngere Arbeitskräfte, insbesondere blutarme Mädchen, aber auch hysterisch veranlagte Frauen in einer solchen Atmosphäre nicht arbeiten lassen. Von großer Wichtigkeit scheint die Reinheit der Stoffe zu sein. Die Handelsprodukte enthalten immer etwas Schwefelkohlenstoff, Tiophen, Pyridin, Aceton und ähnliches. Es sollte deshalb ein besonders gereinigter Lack- oder Lösebenzol in den Handel gebracht werden, wie es mit Toluol und Xylol bereits geschieht, und auch für Solvennaphtha, die etwa 70% Xylol und 25% Cumol enthält, wünschenswert ist. Ähnlich, aber etwas schwächer als Benzol und seine Homologen, wirkt das Benzin. Für Lackzwecke benutzt wird meist das sogenannte Ligroin, eine Benzinfraktion von 100° bis 180° Siedepunkt, spezifisches Gewicht 0,78. Lacktechnisch ist ferner die Forderung üblich, daß das Benzin ein Testbenzin ist, d. h. daß es dem sogenannten Abel-Test genügt, also einen Flammpunkt über 21° hat. Obwohl das Benzin vor dem Benzol noch den Vorzug hat, daß es immer sehr gleichmäßig ausfällt, einheitlich rein ist und weniger stark riecht, stehen seine etwas ungünstigere Lösefähigkeit und seine zu schnelle Verdunstung der Verdrängung des Benzols durch Benzin im Wege, dagegen werden Reintoluol und Reinxylol schon in erheblichem Maß an Stelle von Benzol verbraucht. Statt Benzin findet man öfter Sangajol, das aber gewerbehygienisch keineswegs günstiger zu beurteilen ist; es besteht aus 80% gesättigten Kohlenwasserstoffen, im übrigen aromatischen Kohlenwasserstoffen und Naphtenen.

2. Die Alkohole. Auch die Alkohole sind sowohl Löser wie Verdünner. Der bedenklichste ist der Methylalkohol (Methanol); er verursacht, eingeatmet, Reizungen der Schleimhäute und oberen Luftwege, Kopfschmerzen und Benommenheit, Zittern, Magenbeschwerden; aber auch Bindehautentzündungen und schwerere Augenschäden sowie Sehstörungen sind beobachtet worden, ohne daß etwa ein Trinken von Methylalkohol vorgelegen hätte; ferner ist die Hautresorption bekannt (Koelsch, Z. Gewerbehyg. 1921, S. 199), sie kann natürlich gerade beim Lackieren eine Rolle spielen. Wenn auch das neuerdings synthetisch hergestellte Produkt wesentlich reiner ist als das aus Holzgeist gewonnene, das noch Aldehyde, Methylacetat und andere nicht einwandfreie Stoffe enthält, so sind doch ähnliche Schädigungen auch bei ihm nicht ausgeschlossen. Zugegeben werden kann, daß die Empfindlichkeit gegen Methylalkohol recht verschieden ist. Eine unbedingte Notwendigkeit, Methylalkohol für Lacke zu verwenden, liegt weder lacktechnisch noch wirtschaftlich vor. Er kann als Verdünner unbedenklich durch Butylalkohol (Butanol), der auch synthetisch hergestellt wird, oder als Löser durch eine Mischung von Butanol mit anderen Lösern ersetzt werden. Butanol hat lacktechnisch offenbar manchen Vorzug und ersetzt deshalb auch den Amylalkohol, der gereinigtes

Fuselöl ist und gewerbehygienisch zu Bedenken Veranlassung gibt. Wesentlich weniger gefährlich als Methylalkohol ist der Äthylalkohol, der für Lackzwecke als 96%iger Spiritus verwendet wird; nur seine Vergällungsmittel bedürfen noch einer kurzen Betrachtung. Die schädlichsten, 2,5% roher Holzgeist, der (nach Koelsch) für Vergällungszwecke meist aus 50% Methylalkohol, 25—30% Aceton, 7% essigsaurem Methylester besteht und Verunreinigungen wie Allylalkohol, Aldehyd u. a. enthält, und 0,5—1% Pyridinbasen werden zwar für Zelluloselacke vermieden, auch für Polituren sieht man sie lacktechnisch nicht gern und kann sie ersetzen durch 2% Toluol oder Benzol, 1% Terpentinöl oder Schellackpolitur oder 1% Phtalsäureäthylester, für Kollodiumlacke auch 10% Äther. In so geringen Gehaltsätzen lassen diese Stoffe eine nennenswerte Belästigung oder Schädigung des Arbeiters nicht befürchten, wenn für genügende Lüftung, insbesondere bei dem Kollodiumätherlack, gesorgt und auf gute Hautpflege geachtet wird, gegebenenfalls nach dem oben genannten Beintkerschen Vorschlag. Wer trotzdem wiederholt an sogenannten Polierekzemen leidet, sollte andere Arbeit suchen, denn Spiritus ist für die Poliererei und manche Lacke vorläufig unersetzlich.

Nicht als Lösungsmittel aber als Verschnitt- und als Verbesserungsmittel für den Verlauf des Lackes wird noch in nennenswerten Umfang der Isopropylalkohol verwendet; gewerbliche Schädigungen sind bisher nicht bekannt geworden, immerhin ist es auffällig, daß seine Verwendung zu Heilmitteln, auch äußerlich zu benutzende, z. B. Franzbranntwein, verboten ist; ferner kommt in geringem Umfange Benzylalkohol vor, der Kollodiumwolle überhaupt nicht, Acetylzellulose in der Wärme, Äthylzellulose gut löst; gewerbehygienisch ist er unbekannt.

Genannt seien hier noch die Äther der Alkohole, die zwar für sich keine Löser sind, wohl aber schon bei geringem Zusatz von Alkohol. Ihre stark narkotisierende Wirkung und ihre häufige Verunreinigung z. B. durch Aldehyd, lassen sie gewerbehygienisch unerwünscht erscheinen, auch lacktechnisch sind sie unnötig.

3. Die Ketone. Das bekannteste und am meisten benutzte Keton ist Aceton. Aceton hat zwar leichte narkotische Wirkung und schwache Reizwirkung auf die Schleimhäute, doch wird man sich mit ihm abfinden müssen, wenn es rein, insbesondere frei von Holzgeist, Methylalkohol und Aldehyden ist, was nicht immer der Fall zu sein scheint und sich daraus erklärt, daß Aceton auf sehr verschiedene Weise gewonnen wird, aus der Holzdestillation, durch katalytische Zersetzung von Essigsäure, durch Rektifikation von Holzgeist, im Ausland auch durch Gärung von Maisstärke mit bestimmten Bakterien. Wenig bedenklich scheint auch der Diacetonalkohol (Pyranton) zu sein. Über die physiologische Wirkung von Zyklohexanon (Anon) und Methylzyklohexanon (Methylanon) fehlen Beobachtungen. Die Stoffe werden zwar wegen ihrer schwachen Flüchtigkeit nur in geringen Mengen den Lacken zugesetzt, haben aber einen, wenn auch nicht starken, so doch unangenehmen Geruch und bedürfen eingehender Untersuchung.

4. Die Ester. Weit verbreitet ist heute das Äthylacetat (Essigester,

Die chemisch-physiologische Wirkung der benutzten Stoffe. 31

	Siedegrenzen in °	Flammpunkt in °	Relative, Flüchtigkeit, bezogen auf Äther =1	Löser für		E = Gefahr explosibler Dampfluftgemische
				Kollodiumwolle[1]	Acetylzellulose[1]	
A. Lösemittel:						
Ketone						
Aceton	55—60	unter 0	2,1	+	+	E
Cyclohexanon (Anon)	150—156	+ 44	41	+	+	
Methylcyclohexanon	165—171	+ 45	47	+	+	
Diacetonalkohol (Pyranton) . .	150—160	+ 45	147	+	+	
Ester						
Methylacetat . .	56—62	unter 0	2,2	+	+	E
Äthylacetat . . .	74—77	unter 0	2,9	+	—	E
Propylacetat . .	97—101	+ 12	6,1	+	—	E
Isopropylacetat .	84—93	0	4,1	+	—	E
Butylacetat . . .	121—127	+ 25	11,8	+	—	
Isobutylacetat (Tamasol) . . .	106—117	+ 18	7,7	+	—	E
Amylacetat . . .	135—140	+ 31	13	+	+	
Benzolacetat . .	213—216	+ 95	393	+	—	
Cyclohexanolacetat (Adronol) .	170—177	+ 58	77	+	+	
Hexalinacetat . .	164—181	+ 64	78	+	+	
Äthylglykolacetat	149—160	+ 47	52	+	+	
Methylglykolacetat	138—152	+ 44	35	+	+	
Acetylglykolsäureäthylester . . .	181—195	+ 82	464	+	+	
E 13 u. E 14 . .	52—63	unter 0	2,4	+	+	E
Milchsäurebutylester (Butyllactat)	170—195	+ 61,5	443	+	—	
Milchsäureäthylester (Solactol)	145—155	+ 45	80	+	+	
Methylformiat . .	25—40	unter 0	1,5	+	+	E
Äther						
Äthyläther . . .	34—35	unter 0	1	—	—	E
Äthylglykoläther .	126—138	+ 40	43	+	—	
Methylglykoläther	115—130	+ 36	35	+	+	
Diäthylenoxyd (Dioxan) . . .	92—104	+ 8	5	+	+	E
Aldehyd-Alkohol-Acetaläther (Dissolvan) . .	60—80	unter 0	5	+	+	E

[1] + = löst; — = löst nicht; × = löst teilweise.

Essigäther), insbesondere in Lösungsmittelgemischen für Kollodiumwolle fehlt es fast nie. Wenn auch bisher Schädigungen nicht bekannt geworden sind, und der Fruchtgeruch den Lackierern und Spritzern nicht unangenehm ist, wird auch hier eine gründliche Untersuchung am Platze sein. Das Äthylacetat ist vielfach an die Stelle von Amylacetat getreten, das vor 20 Jahren bei den damals in der Holzindustrie noch nicht gebrauchten, aber in einzelnen anderen Industrien, z. B. in der Metall- und Zellhorn-Knopffabrikation schon stark verbreiteten Zelluloselacken, insbesondere Zaponlacken, das vorherrschende Lösungsmittel war. In zehnjähriger Beobachtung einer damals großen Knopf- und Schuhösen- und Hakenindustrie konnte der Verfasser nennenswerte Schädigungen durch Zaponlacke, deren Hauptbestandteil Zellhornabfälle, Amylacetat und etwas Benzin und Spiritus waren, nicht beobachten. Die Produktion von Amylacetat, das aus den Fuselölen der Spiritusrektifikation, in Amerika auch aus Erdgas-Pentan gewonnen wird, ist beschränkt, so daß man bei der gewaltig gestiegenen Nachfrage zu anderen Lösemitteln greifen muß. Der starke Fruchtgeruch ist nur wenigen Leuten auf die Dauer so unangenehm, daß sie der Arbeit den Rücken kehren; er wird zuweilen absichtlich Lacken beigegeben, um unangenehmere Gerüche zu übertönen, wie man auch andere Mittel dazu benutzt, z. B. Nitrobenzol (Mirbanöl) oder Benzaldehyd (Bittermandelöl), wenig erfreuliche Stoffe, die unbedenklich fehlen können.

	Siedegrenzen in °	Flammpunkt in °	Relative, Flüchtigkeit, bezogen auf Äther =1	Löser für		E = Gefahr explosibler Dampfluftgemische
				Kollodiumwolle[1]	Acetylzellulose[1]	
B. Verdünnungsmittel:						
Methylalkohol .	64—65	+ 6,5	6,3	+	—	E
Äthylalkohol . .	78	+ 11	8,3	×	—	E
Isopropylalkohol	79,5—81,5	+ 19	21	—	—	E
Butylalkohol . .	114—118	+ 34	33	—	—	
90 er Benzol . .	80—81	unter 0	3	—	—	
Solventnaphtha .	110	+ 21	10	—	—	E
Reintoluol . . .	109,5—110,5	+ 7	6,1	—	—	
Reinxylol . . .	137—139	+ 23	13,5	—	—	
Benzin.	67—100	unter 0	3,5	—	—	E
Testbenzin . . .	90—140	+ 22	10	—	—	E
Hexalin	159—162	+ 59	403	—	—	

[1] + = löst; — = löst nicht; × = löst teilweise.

Methylacetat ist besonders für Acetylzellulose ein beliebtes Lösemittel und bildet neben anderen Estern und Methylalkohol offenbar den Hauptbestandteil der unter der Bezeichnung E. 13 und E. 14 im Handel befindlichen Lösemittel. Auch für sie scheint eine genaue Untersuchung auf Schädlichkeit unbedingt geboten, zumal die Stoffe sehr flüchtig sind.

In steigendem Maße werden ferner als Lösungsmittel Butylacetat und Isobutylacetat (Tamasol) gebraucht, beide meist in Verbindung mit Butylalkohol, um die Verdunstung zu verlangsamen. Die große Flüchtigkeit macht die Stoffe etwas verdächtig, doch sind bisher Erkrankungen durch sie nicht bekannt geworden. Wesentlich langsamer verdunstet der Ester des Zyklohexanols (Adronolacetat, Hexalinacetat), der ebenfalls vielfach benutzt wird und trotz der geringen Flüchtigkeit nicht ganz unbedenklich zu sein scheint. Schädlicher sind offenbar die Ester der Ameisensäure (Formiate); als Lösungsmittel für Nitro- und

Acetylzellulose kommen Methyl- und Äthylformiat, seltener Hexalinformiat vor, sie können aber durch unbedenklichere Stoffe ersetzt werden. Eine geringere Bedeutung, lacktechnisch und gewerbehygienisch, haben die Ester der Buttersäure (Butyrate) und der Milchsäure (Lactate, Solactol); schließlich gehört hierher das Acetanilid, das oft Anilin als Verunreinigung enthält, aber auch in reinem Zustand Gefahren in sich birgt und fortbleiben sollte.

5. **Glykol, seine Äther und Ester.** Die Derivate des zweiwertigen Alkohols Glykol haben in der Lackindustrie Amerikas sich in den letzten Jahren in großem Umfang den Markt erobert, sie finden sich auch bei uns schon in verschiedenen Lacken und werden sich schnell verbreiten.

Es kommen in der Hauptsache in Frage Glykolmonomethyläther (Methylglykol), Äthylglykol, Butylglykol, Methyl- und Äthylglykolacetat, Diäthylenoxyd (Dioxan). Gewerbehygienisch sind sie noch nicht genügend untersucht — außer dem nicht unbedenklichen Äthylglykol (vgl. Koelsch u. Lederer, Zbl. Gewerbehyg. 1930, S. 264) —, was insbesondere für einige niedrigsiedende Verbindungen dringend erwünscht ist.

6. **Die Acetale, Aldehyd — Alkohol — Äther** (Dissolvan), sind zwar gute Löser für Kollodiumwolle, sie haben aber lacktechnische Nachteile, so daß sie in Lacken seltener zu finden sind. Ihre äußerst schnelle Verdunstung und die leichte Abspaltung von Aldehyd macht sie auch gewerbehygienisch unerwünscht.

7. **Die chlorierten Kohlenwasserstoffe.** In zahlreichen Lackrezepten und Patenten finden sich Chlorbenzol, Methylenchlorid, Dichloräthylen, Äthylenchlorhydrin, Tetra- und Pentachloräthan u. a. Über die Schädlichkeit dieser Stoffe kann ein Zweifel nicht bestehen. Lacktechnisch sind sie heute nicht mehr notwendig, sie werden aber, wenn auch in geringem Umfange nach alten Rezepten immer noch benutzt, namentlich bei der Verwendung von Acetylzellulose. Sie haben während des Krieges eine gewisse Bedeutung gehabt, als es galt, für die Tragflächen der Flugzeuge einen Lack zu haben, der eine möglichst geringe Entzündbarkeit der Tragflächen gewährleistete, der gegen Wasser unempfindlich war, möglichst auch gegen Benzol, Benzin und Öl. Heute gibt es verschiedene bewährte Flugzeuglacke und auch andere Lacke für wetterfeste Anstriche, z. B. Autolacke, ohne chlorhaltige Stoffe. Für Möbel- und Instrumentenlacke sind die gechlorten Kohlenwasserstoffe glücklicherweise fast verschwunden.

8. **Von den hydrierten Kohlenwasserstoffen** finden sich gelegentlich Tetralin, (Tetrahydronaphtalin), Dekalin, Hexalin (Zyklohexanol, Anol). Nennenswerte Gesundheitsschädigungen durch ihre gewerbliche Verwendung sind nicht bekannt geworden, doch wäre eine eingehende Untersuchung wünschenswert, zumal nach Tierexperimenten und dem Ergebnis von Harnuntersuchungen Schädigungen nicht ausgeschlossen erscheinen.

d) Die Weichmachungsmittel. Ihrem Zweck entsprechend verdunsten die Weichmachungsmittel nicht oder nur zum ganz geringen Teil aus den Lackfilmen. Eine Schädigung durch eingeatmete oder sonst die

Schleimhäute berührende Dämpfe kommt daher nicht in Frage. Ob die Stoffe bei Verschmutzung der Hände durch Lacke, die Weichmachungsmittel enthalten, Ekzeme oder andere Hautschädigungen verursachen können, ist mit Sicherheit nicht festgestellt, aber keineswegs ausgeschlossen. Neben dem ungefährlichen Rizinusöl waren vorher als Weichmachungsmittel genannt die Ester der Phosphorsäure z. B. Trikresylphosphat, Triphenylphosphat, die Ester der Phtalsäure (Palatinole) und Phtalsäureester des Glykols, Ester der durch Oxydierung von Zyklohexanol gewonnenen Adipinsäure (Sipaline), Verbindungen der Toluolsulfosäure (Plastol, Plastomoll, Dikresylin), Glyzerintriacetat (Triacetin) und andere Glyzerinester, Harnstoffpräparate (Mollit, Zentralit), Äthylacetanilid (Mannol).

e) **Die Schleifmittel.** Die meist benutzten festen Schleifmittel sind harmlose Körper, außerdem werden sie mit Flüssigkeiten angerieben verwendet, so daß mit einer Staubentwicklung nicht zu rechnen ist. Die beim Schleifen und in den Polierwassern vorkommenden Öle, Säuren und Lösemittel sind in so geringen Mengen zugesetzt, daß eine gesundheitliche Schädigung durch sie ausgeschlossen erscheint.

Die Explosions- und Feuersgefahr.

Wenn es auch nicht unmittelbar zu der gestellten Aufgabe gehört, so soll doch die Gelegenheit, auf die Explosions- und Feuergefährlichkeit hinzuweisen und zur Vorsicht zu mahnen, nicht unbenutzt bleiben.

Kollodiumwolle in trockenem Zustand ist ein kräftiger Sprengstoff, in den Handel kommt sie nur in befeuchtetem Zustand mit mindestens 35 Gewichtsteilen Wasser oder besser Alkohol und und ist in diesem Zustand nicht mehr als Sprengstoff anzusehen, ebenso nicht in gelöstem Zustande. Die holzverarbeitende Industrie sollte sich mit ihr überhaupt nicht befassen, sondern dies den Lackfabriken überlassen. Die Kollodiumwolle braucht uns daher hier nicht weiter zu beschäftigen. Ebenso nicht die Acetylzellulose und die Zelluloseäther, die gleichfalls nicht in die Hand des Lackierers oder Polierers gehören, und die Lagerung und das Abfüllen größerer Mengen von Löse- oder Verdünnungsmittel. In der Lackiererei und Poliererei selbst wird man sich mit geringen Vorräten für wenige Tage begnügen können.

Harzöle, Lösungsmittel, Verdünnungsmittel, fertige Lacke und die getrockneten Lacküberzüge sind durchweg brennbar. Die Löse- und Verdünnungsmittel und fertigen Lacke sind wegen ihres niedrigen Flammpunktes leicht entzündlich, ihre Dämpfe im Gemisch mit Luft innerhalb gewisser Grenzen auch explosibel. Wenn auch diese Grenzen trotz der schnellen Verdunstung in gut gelüfteten Arbeitsräumen und bei kräftiger Absaugung von Spritzanlagen kaum erreicht werden, so ist Vorsicht doch geboten, insbesondere bei Äther, Benzin, Benzol, Toluol, Xylol, Aceton den Lösemitteln E 13 und E 14 und niedrig siedenden Alkoholen (Äthyl-, Methyl- und Isopropylalkohol), also:

1. möglichst geringe Vorräte, sachgemäße und sichere Aufbewahrung;
2. bei der Abfüllung, Mischung und Verarbeitung solcher Stoffe nicht rauchen;

3. bei Äthern und Benzin unter 21° Flammpunkt überhaupt kein Feuer, keine glühenden Stoffe, keine Glühlampen mit einfacher Glasbirne, keine funkengebenden Maschinen, Schalter oder Arbeiten in dem Arbeitsraum, bei den anderen Stoffen mindestens in Entfernung bis zu 5 m von dem Arbeits- oder Spritzstand, sofern nicht besonders gute Lüftung, und bei Spritzanlagen Absaugung nicht nur während der Arbeit, sondern auch während der Verdunstungszeit im Gange sind.

Eine erhebliche Feuergefahr bilden ferner wegen ihrer leichten Entzündbarkeit und äußerst schnellen Verbrennung die in Spritzkammern, Absaugerohren und durch Verspritzen auf dem Fußboden in feinster Verteilung gehäuften Harz- und Kollodiumteilchen und Öltröpfchen.

Vergrößert wird die Zündungsgefahr einiger Stoffe, z. B. Benzin und Äther, durch elektrische Auflandung beim Fließen in Röhren und Ausfließen aus Düsen, z. B. beim Spritzen, wahrscheinlich auch durch Reibung beim Streichen mit dem Pinsel, ferner durch katalytische Wirkung gewisser Stoffe, z. B. warmen Eisens, insbesondere Eisenrosts und einzelner Lösemittel und Verdünner und ihrer Dämpfe, z. B. der Spiritusdämpfe.

Die einzigen unbrennbaren Löser und Verdünner sind leider die gechlorten Kohlenwasserstoffe, die wir wegen ihrer gesundheitlichen Schädlichkeit ablehnen müssen. Über Flammpunkt und Flüchtigkeit der wesentlich in Betracht kommenden Stoffe gibt die nachstehende Tabelle einen Überblick. Die Berufsgenossenschaften haben durch besondere Unfallverhütungsvorschriften Schutzmaßnahmen angeordnet. Der Verband der Lackfabrikanten mahnt ebenfalls seine Kunden durch folgendes Merkblatt zur Vorsicht.

Merkblatt.
Herausgegeben vom Verband der Lackfabrikanten.
Vorsicht bei der Verarbeitung von Spritzlack.
Bewahre dich und deine Kollegen vor Feuer- und Gesundheitsschädigung!
Spritzraum gut lüften! Größte Sauberkeit!
Am besten die am Boden lagernden Dämpfe mit Ventilator absaugen!
Große Arbeitsräume! Zwei Ausgänge! Türen nach außen aufschlagend!
Offenes Licht und offenes Feuer gehören nicht in Arbeitsräume!
Rauchen strengstens verboten!
Vorsicht mit der elektrischen Leitung!
Hantiere niemals mit der Beleuchtung oder gar elektrischen Werkzeugen im Spritzraum herum! Motoren, Kontakte, Verschraubungen usw. geben leicht Funken!
Vorsicht mit der Heizung!
Warm gewordener Lack entwickelt reichlich Dämpfe! Stelle stets die Vorratsflaschen so, daß sie nicht umgeworfen werden können! Schließe sie stets gut, auch wenn sie geleert sind! Große Vorratsflaschen gehören nicht in den Spritzraum! Halte stets trockenen Sand vorrätig, um den etwa auslaufenden Lack aufzusaugen!
Noch einmal!
Bewahre dich und deine Kollegen vor Feuer- und Gesundheitsschädigung!
Siehst du jemand gewissenlos handeln, stelle ihn sofort zur Rede!

Ausblick.

Lacktechnisch geht das Streben für die Zukunft nach folgenden Zielen:

1. eine Verstärkung des Films der Nitrolacke, d. h. des Gehaltes der Lacke an filmgebenden Bestandteilen und eine Verminderung der verdunstenden Teile zu erreichen;
2. die Spritzbarkeit der Öllacke ohne Beeinträchtigung ihrer Filmgebung zu verbessern;
3. eine bessere Verstreichbarkeit der Nitrolacke zu erzielen (Kombinationslacke);
4. Verminderung der Zahl der Arbeitsgänge beim Schleifen, Lackieren, Polieren;
5. Verkürzung der Trockenzeiten für Öllacke;
6. Verbilligung der Nitrolacke und Nitropolituren.
7. Mechanisches Schleifen, Lackieren, Polieren.

Dieses Streben wird nicht immer auf gewerbehygienische Forderungen Rücksicht nehmen, es kann aber doch, gewollt oder ungewollt, zu gewerbehygienischen Verbesserungen führen. Vom gewerbehygienischen Standpunkt aus ist zu fordern, daß

1. die bedenklichsten Löse- und Verdünnungsmittel ausgeschaltet werden, z. B. die gechlorten Kohlenwasserstoffe, Methylalkohol, Äther.
2. die Löse- und Verdünnungsmittel möglichst rein hergestellt und benutzt werden, z. B. Benzol und seine Homologen, Spiritus;
3. der Lackfabrikant und der Lackbenutzer über schädliche Bestandteile der Löser und Verdünner von dem Lieferanten unterrichtet werden;
4. Arbeitgeber und Arbeitnehmer sich an bessere Lüftung des Arbeitsraumes gewöhnen;
5. auf sachgemäße Hautpflege größerer Wert gelegt wird.
6. neben der Gesundheitsgefährdung auch die Feuergefährlichkeit einzelner Stoffe nicht außer acht gelassen wird.

Wenn daneben auf neue Lösungs- und Verdünnungsmittel hingearbeitet wird, so wird man dagegen nichts einwenden können. Leider aber zeigen die neueren Patente zum großen Teil ein Streben nach immer größerer Verwickeltheit, nicht nach Vereinfachung, und leider auch eine Bevorzugung schädlicher Stoffe. Daneben wird freilich auch versucht, das einfachste Lösemittel, Wasser, heranzuziehen, wenn auch noch nicht mit vollem Erfolg und nicht immer in einwandfreier Gesellschaft. Einige Patente beruhen darauf, daß Acetylzellulose in Chlorhydrin-Wassergemischen, insbesondere in Verbindung mit dem stark giftigen Äthylenchlorhydrin, lösbar ist, ein anderes geht von der Löslichkeit von Kollodiumwolle und Acetylzellulose in wasserhaltigem Glyzid, einem unbedenklichen Stoff, aus. Hoffentlich führt dieser letzte Weg zu einem Ziel. Daneben muß das Bestreben dahin gehen, die Löslichkeit der Kollodiumwolle in Spiritus, gegebenenfalls unvergälltem, zu steigern.

Die heutigen spirituslöslichen Kollodiumwollen sind für Nitropolituren noch nicht recht brauchbar und bedürfen auch für Nitrolacke des Zusatzes von Kohlenwasserstoffen oder der Lösemittel E13 oder E14. Wenn es den Nitrozellulosestellern gelänge, den Lackfabriken fertige und brauchbare Lösungen von Kollodiumwolle in Spiritus zu liefern, die in den Lackfabriken nur eines Zusatzes von Harzen und Weichmachungsmitteln, gegebenenfalls von Farben bedürften, so wäre gewerbehygienisch viel gewonnen, aber auch vom Standpunkte des Schutzes gegen Feuersgefahr.

Über einige Beiz-, Lackier- und Poliermittel, ihre Zusammensetzung und physiologische Wirkung.

Von Dr. **Hans H. Weber** und Dipl.-Ing. **W. Gueffroy**.

(Aus dem gewerbehygienischen Laboratorium des Reichsgesundheitsamtes.)

Seit einer Reihe von Jahren besteht im RGA. eine dem gewerbehygienischen Laboratorium angegliederte Auskunftsstelle für technische Lösungsmittel, die in steigendem Maße von staatlichen Aufsichtsbehörden[1], Arbeitgeber- und Arbeitnehmerverbänden in Anspruch genommen wird. Soweit die erbetenen Auskünfte nicht schon mit Hilfe einer für diesen Zweck geschaffenen Kartei beantwortet werden konnten, wurde eine analytische Untersuchung der fraglichen Substanzen vorgenommen.

Im letzteren Fall handelte es sich meist um Stoffe, die bereits in gewerblichen Betrieben Anlaß zu Gesundheitsstörungen gegeben hatten oder doch im Verdacht standen, solche verursacht zu haben. Eine Zusammenstellung der hierbei eingelieferten Beiz-, Lackier- und Poliermittel sowie der nach Angabe der einsendenden Stellen bei der Verwendung dieser Stoffe beobachteten Gesundheitsschädigungen und schließlich eine solche der Ergebnisse der analytischen Untersuchungen bildet den Gegenstand des vorliegenden Berichtes.

Wenn es auch im allgemeinen nicht möglich war, die Berechtigung der erhobenen Beschwerden durch eingehende Untersuchungen an Ort und Stelle und durch eine weitere Verfolgung der einzelnen Fälle sicherzustellen, so scheinen dennoch aus der Zusammenstellung des angesammelten Materials sich Anhaltspunkte allgemeinerer Art ableiten zu lassen. In jedem Falle dürfte es von Interesse sein, welche Arten von Stoffen im Laufe der Jahre häufiger beschuldigt wurden, Erkrankungen der damit Beschäftigten ausgelöst zu haben.

I. Lacke und Lacklösungsmittel.

Nr. 17—20. Lacke, die in der Pianoforteindustrie im Spritzverfahren benutzt werden. Die mit den Proben 17, 18 und 19 umgehenden Arbeiter sind an Brechreiz, Hautbläschen und Ekzemen erkrankt. Bei der Tätigkeit mit Probe 20 wurde über Geruchsbelästigung und Herzklopfen geklagt.

Zusammensetzung der Probe 17 (Metallspritzlack): etwa 26% Lackkörper, 44% n-Butylacetat und 30% aromatische Kohlenwasserstoffe (Benzol, Toluol).

---

[1] Besonders hingewiesen wurde auf diese Auskunftsstelle u. a. in einem Erlaß des Preuß. Min. f. Handel und Gewerbe, zugleich für den Min. f. Volkswohlfahrt, vom 7. März 1930.

Zusammensetzung der Probe 18 (Spritzlack): etwa 34% Lackkörper, etwa 56% n-Butylacetat und etwa 10% aromatische Kohlenwasserstoffe (Benzol, Toluol).

Zusammensetzung der Probe 19 (Lackverteiler): etwa 7% Lackkörper und 93% eines Lösungsmittels, das aus Äthylacetat, Aceton und mit Pyridin vergälltem Spiritus bestand.

Zusammensetzung der Probe 20 (schwarzer Spritzlack): etwa 30% Lackkörper, 45% n-Butylacetat und 25% Toluol.

Nr. 25—26. Ein Spritzlack und ein Verdünnungsmittel. Die mit den Mitteln beschäftigten Arbeiter klagten über starke Beschwerden (Kopfdruck, rauschartige Benommenheit, Appetitlosigkeit, zunehmende Blässe).

Zusammensetzung des Spritzlackes: etwa 28% Lackkörper und schwerflüchtige Weichmachungsmittel, etwa 41% n-Butylacetat und etwa 31% aromatische Kohlenwasserstoffe (Benzol und Homologe).

Zusammensetzung des Verdünnungsmittels: etwa 54% n-Butylacetat, etwa 4% Benzinkohlenwasserstoffe und etwa 42% Toluol.

Nr. 27. Mahagonilack. Die mit dem Spritzlack beschäftigten Arbeiter einer Pianofabrik klagten über starke Kopfschmerzen, Müdigkeit, Durst und Herzklopfen.

Zusammensetzung des Lackes: etwa 21% Lackkörper, 54% Äthyl- und n-Butylacetat bzw. -alkohol, etwas Pyridin und 25% aromatische Kohlenwasserstoffe.

Nr. 62—63. Ein Nitrospritzspachtellack und ein Nitrospritzlack. Ein mit den Lacken beschäftigter Arbeiter klagte über Magenbeschwerden, Brechreiz und Mattigkeit.

Zusammensetzung des Nitrospritzspachtellackes: etwa 37% Lackkörper, 3% hochsiedende Lösungs- und Weichmachungsmittel, 40% n-Butylacetat, etwas Methyl- und Äthylalkohol bzw. -acetat, Spuren von Pyridin und 13% Toluol und Homologe.

Zusammensetzung des Nitrospritzlackes: etwa 20% Lackkörper, 3% hochsiedende Lösungs- und Weichmachungsmittel, 50% n-Butylacetat, Äthylalkohol, Spuren Pyridin und 27% Toluol und Homologe.

Nr. 75—76. Spritzlack und Verdünnungsmittel. Der Arbeiter, der den Spritzapparat bediente, klagte über Kopfschmerzen und Benommenheit.

Zusammensetzung des Lackes: etwa 38% Lackkörper, 41% n-Butylacetat, Spiritus, Aceton, Terpentinöl und etwa 21% aromatische Kohlenwasserstoffe, hauptsächlich Toluol, sowie kleinere Mengen Benzol und Xylol.

Zusammensetzung des Verdünnungsmittels: etwa 66% n-Butylacetat, Spiritus, Aceton, Terpentinöl und 34% aromatische Kohlenwasserstoffe, vornehmlich Toluol.

Nr. 77. Spritzlack. Der in einer Tischlerei verwendete Lack hat bei den damit Beschäftigten wiederholt zu Magenverstimmungen, Anämie und Ohnmachten Veranlassung gegeben.

Zusammensetzung des Lackes: etwa 26% Lackkörper, 59% n-Butylacetat und Isopropylacetat und 15% Toluol.

Nr. 86, 87, 88. Drei Lacke, die in einer Strohhutfabrik zu Appreturzwecken benutzt wurden. In einzelnen Fällen entstanden Hauterkrankungen, jedoch standen sowohl nach Schwere wie Häufigkeit Augenentzündungen im Vordergrund, die zahlreiche Arbeiter auf längere Zeit arbeitsunfähig gemacht haben und zu wiederholten Rückfällen führten. Nach Angabe des Deutschen Hutarbeiter-Verbandes sind diese Gesundheitsschäden fast ausschließlich bei einer Firma aufgetreten und wurden auf die Zusammensetzung der hier verwendeten Lacke zurückgeführt.

Zusammensetzung der Probe 86: etwa 10% Lackkörper und 90% eines Lösungsmittels, das aus Methyl- und Äthylalkohol bzw. deren Essigsäureestern und etwas Terpentinöl bestand.

Zusammensetzung der Probe 87: etwa 22% Lackkörper, 72% eines Lösungsmittels, das sich aus n-Butyl- und Propylalkohol bzw. deren Essigsäureestern, sowie mit Pyridin vergälltem Spiritus zusammensetzte, sowie 4% Benzin und 2% Benzol.

Zusammensetzung der Probe 88: Von der beim Versand beschädigten Probe standen für die Untersuchung nur noch Reste zur Verfügung. Soweit sich noch Feststellungen treffen ließen, scheint es sich um ein Lösungsmittel ähnlicher Zusammensetzung wie das der Probe 86 zu handeln.

Nr. 95—96. Zwei Lackentferner. Die Einsendung geschah vorsorglich; die Mittel waren seit 3 Monaten in Verwendung, schädliche Einflüsse hatten sich nicht gezeigt.

Es handelte sich um einen nach gewerbehygienischen Gesichtspunkten sehr gut geleiteten Betrieb.

Zusammensetzung der Probe 95: etwa 35% Methyl- und n-Butylacetat, 50% Lösungsbenzol II und 15% Schwerbenzin; Spuren Aceton.

Zusammensetzung der Probe 96: etwa 37% n-Butyl- und Methylacetat, 40% Lösungsbenzol II und 23% Schwerbenzin; Spuren Aceton.

Nr. 98. Lösungsmittel für Spritzlacke. Mehrere Arbeiter erkrankten an Schwindelgefühl, Erbrechen, Kopfschmerzen und heftigen Magenbeschwerden, die zum Teil ärztliche Behandlung erforderlich machten.

Zusammensetzung des Lösungsmittels: etwa 80% Aceton und 20% Methylacetat.

Nr. 102—103. Waschmittel und Verdünnungsmittel. Beide wurden in einer Autolackiererei, letzteres auch beim Spritzverfahren, verwendet. Die Arbeiter klagten über Kopfschmerzen; einer von ihnen ist an Schwindel, Übelkeit und allgemeiner Mattigkeit erkrankt; objektiv wurde „allerleichteste Zyanose, Trigeminusneuralgie und leichte Störungen der Tiefensensibilität sowie Arhythmien der Herztätigkeit" festgestellt.

Zusammensetzung des Waschmittels: etwa 60% Essigsäureäthylester und Äthylalkohol, verunreinigt mit geringen Mengen Methylacetat und wahrscheinlich auch höheren Homologen, sowie etwa 40% aromatische Kohlenwasserstoffe (es wurden nachgewiesen: Benzol, Toluol, Xylol) und Spuren Kienöl.

Zusammensetzung des Verdünnungsmittels: etwa 50% Äthyl- und

n-Butylacetat bzw. -alkohol und 50% aromatische Kohlenwasserstoffe, hauptsächlich Toluol, sowie Spuren von Nitrobenzol.

Nr. 104—105. Lösungsmittel I und II. Ein mit beiden Mitteln beschäftigter Arbeiter erkrankte an Ekzem.

Zusammensetzung des Lösungsmittels I: etwa 41% eines Gemisches von Äthyl- und n-Butylacetat bzw. -formiat und etwa 59% Toluol.

Zusammensetzung des Lösungsmittels II: etwa 50% eines Gemisches von Äthyl- und n-Butylformiat, etwa 13% aromatische Kohlenwasserstoffe (Benzol, Toluol) und etwa 37% Benzin.

Nr. 107. Verdünnungsmittel. Bei Verwendung des Mittels erkrankten schon bald alle damit Beschäftigten (6 Personen) an Ekzemen.

Zusammensetzung des Verdünnungsmittels: ein Blei- und Manganresinat enthaltender Firnis mit etwa 15—20% zwischen 120° und 210° siedenden Paraffinkohlenwasserstoffen, die geringe Mengen aromatische Kohlenwasserstoffe enthalten.

Nr. 109—110. Zaponlack und Verdünnungsmittel. Keine näheren Angaben über die beobachteten Krankheitserscheinungen.

Zusammensetzung des Zaponlackes: etwa 10% fester Rückstand und 90% Lösungsmittel, das aus etwa 40% einer Mischung von n-Butyl- und Isoamylalkohol bzw. deren Ameisensäureestern und etwa 30% aliphatischen und 30% aromatischen Kohlenwasserstoffen besteht.

Zusammensetzung des Verdünnungsmittels: etwa 54% n-Butylacetat bzw. -alkohol und etwa 46% Toluol.

Nr. 117. Tauchlack. Die mit diesem Lack beschäftigten Arbeiterinnen mußten Kinderwagenteile mit der Hand in die Farbmasse eintauchen. Eine der Arbeiterinnen bekam nach 14 Tagen ein starkes Ekzem. Auch andere Arbeiterinnen sollen bei dieser Arbeit an Ekzemen erkrankt sein.

Zusammensetzung des Tauchlackes: etwa 60% Lackkörper und 40% Lösungsmittel. Das Lösungsmittel war ein Sangajol mit einem Gehalt von etwa 17% aromatischen Kohlenwasserstoffen.

Nr. 128. Verdünnungsmittel. Wird als Verdünnungsmittel des Spritzlackes in einer Autolackiererei verwendet, in der die Absaugungsverhältnisse recht schlecht sind. Von den sechs mit dem Mittel beschäftigten Arbeitern klagen über Kopfschmerzen 5, Zittern, Mattigkeit und Abgeschlagenheit 3, trocknes Gefühl im Hals und Durst 3, leicht blutendes Zahnfleisch 2, Magenschmerzen und Appetitlosigkeit 2, starke Abmagerung 1, Schwindel 1.

Zusammensetzung des Verdünnungsmittels: etwa 50% eines Gemisches von Essigsäureestern und Aceton, vornehmlich n-Butylacetat, daneben Methylacetat und weiterhin etwa 50% aromatische Kohlenwasserstoffe, vornehmlich Toluol, daneben Benzol und etwas Xylol.

II. Beizen.

Nr. 9—10. Ein in einer Möbelfabrik mit Beizen beschäftigter Arbeiter erkrankte nach 14 Tagen an Ekzemen an Fingern, Handrücken und Handtellern beider Hände. Es war längere Krankenhausbehandlung und danach eine Nachbehandlung durch einen Facharzt für Hautkrankheiten erforderlich. Die Dauer der Arbeitsunfähigkeit betrug 10 Wochen.

Zusammensetzung der Vorbeize: Gemenge organischer und anorganischer Stoffe, deren mengenmäßig größter Anteil aus Kochsalz bestand. Daneben wurde ein Gehalt von etwa 16—17% Brenzkatechin festgestellt.

Zusammensetzung der Nachbeize: ammoniakalische Kupfersulfatlösung.

Nr. 32—33. In einer Möbelfabrik erkrankte ein Arbeiter nach Gebrauch zweier Beizen an einem schweren Hautekzem, das zu einer über $1/2$ Jahre dauernden Arbeitsunfähigkeit führte.

Zusammensetzung der Beize 32: wässerige Lösung eines organischen Körpers, vermutlich ein Natriumsalz eines sulfosauren Aminonaphthols.

Zusammensetzung der Beize 33: wässerige ammoniakalische Chromatlösung mit Zusätzen von Zinn-, Kupfer- und Eisensalzen.

Nr. 119—120. Zwei Beizen. Eine Arbeiterin in einer Beizerei erkrankte nach Verwendung eines neuen Beizmittels unbekannter Zusammensetzung an Ekzem. Es haben sich im Laufe eines Jahres dauernd Rezidive gezeigt, wenn sie mit den beiden zur Untersuchung eingesandten Beizen, von denen nicht feststeht, ob eine von ihnen mit der ursprünglich ekzemerzeugenden identisch ist, in Berührung kam. Auch eine andere Arbeiterin, die lediglich mit diesen beiden Stoffen beizte, soll ein leichtes Ekzem aufgewiesen haben.

Zusammensetzung der Beize 119: wässerige, ammoniakalische Chromatlösung, die Phosphate und eisenhaltige Kohle enthielt.

Zusammensetzung der Beize 120: wässerige, ammoniakalische, alkoholhaltige Lösung von Zinn- und Antimonsalzen, die außerdem mit eisenhaltiger Kohle versetzt war.

III. Polituren.

Nr. 11. Pianopolitur. Ein mit der Politur beschäftigter Arbeiter bekam nach dem Einatmen der entstehenden Dämpfe Hustenreiz, Appetitlosigkeit, Herzstiche und Augenbrennen.

Zusammensetzung der Pianopolitur: etwa 50% feste Bestandteile und 50% Amylalkohol.

Nr. 13. Die Politur soll bei ihrer Benutzung in einer Möbelfabrik zu schmerzhaften Pusteln am Unterarm und am Halse geführt haben, die mehrmonatliche dermatologische Behandlung erforderlich machten.

Zusammensetzung der Politur: Lösung von Harz in methylalkoholhaltigem Äthylalkohol.

Nr. 14. Grundierungsmittel? Die Lösung, die mit einem Lappen aufgetragen wurde, erzeugte schmerzhafte Risse in der Haut der rechten Hand, die nicht heilen wollten.

Zusammensetzung des Mittels: Lösung von Nitrozellulose in einem Gemisch von Alkohol, Benzol, Toluol und Homologen.

Nr. 29—30. Zwei Schellackpolituren. Durch die Verarbeitung dieser Politur sind in einem Betriebe mehrere Poliererinnen ernstlich erkrankt. Einige von diesen mußten nach ihrer Wiederherstellung ihren Beruf wechseln. Der Krankheitsverlauf wird wie folgt geschildert: nach heftigem Hautjucken trat Wundsein und Schwellung der Finger ein.

In einem Falle wurden durch das Eindringen der Polituren unter die Nagelhaut sogar Blutvergiftungen hervorgerufen. Nach Abheilung (ungefähr 14 Tage) trat in allen Fällen sofort wieder der alte Krankheitszustand ein, wenn die Erkrankten mit dieser Politur arbeiteten.

Zusammensetzung der Probe 29: etwa 29% fester Rückstand (Schellack) und etwa 71% eines leicht flüchtigen Lösungsmittels, vornehmlich Äthylalkohol, der Aldehyde und kleinere Mengen Chlorkohlenwasserstoffe sowie Spuren einer sauren terpentinölähnlichen Substanz enthält. Die Reaktion der Politur war ziemlich sauer.

Zusammensetzung der Probe 30: etwa 32% fester Rückstand (Schellack) und etwa 68% eines leicht flüchtigen Lösungsmittels, vornehmlich Äthylalkohol, der Aldelyde und kleinere Mengen einer sauren, terpentinölähnlichen Substanz enthält. Die Reaktion der Politur war ziemlich sauer.

IV. Spiritusse, Terpentine und Terpentinersatz.

Nr. 1. Terpentinersatzmittel. Ein Anstreicher benutzte ein Terpentinersatzmittel, nach dessen Gebrauch sich Ekzeme zeigten.

Zusammensetzung der Probe: etwa 14% aromatische und 86% aliphatische Kohlenwasserstoffe. Es lag ein Sangajol mit den Siedegrenzen 150—180° vor.

Nr. 20. Eine Terpentinprobe. Das in einer Vergolderei benutzte Terpentin führte zu zahlreichen Ekzemen.

Zusammensetzung der Probe: etwa 25% Olefine und aromatische Verbindungen und 75% aliphatische Kohlenwasserstoffe. Es handelt sich um ein stark mit einer Benzinfraktion (Sangajol) verschnittenes Terpentin. Siedegrenze 140—190°.

Nr. 54. Sangajol. In einer Tapetenfabrik zog sich ein Maschinenschlosser einen chronisch nässenden Hautausschlag zu.

Zusammensetzung des Sangajols: etwa 3% ungesättigte Verbindungen, 15% aromatische Kohlenwasserstoffe und 82% aliphatische Kohlenwasserstoffe. Siedegrenze 150—190°.

Nr. 90. Terpentin. Bei der Verwendung dieses Terpentins traten bei einer Anzahl Arbeiter zum Teil Hand-, zum Teil generalisierte Ekzeme auf.

Zusammensetzung der Probe: es liegt ein Terpentinöl mit etwa 20% Verdunstungsrückstand (Harz), etwas Kienöl und anscheinend Spuren von Halogenkohlenwasserstoffen vor.

Nr. 83. Spiritus. Der Spiritus soll bei Benutzung in einer Möbelfabrik zu schmerzhaften Pusteln am Unterarm und am Halse geführt haben, die mehrmonatliche dermatologische Behandlung erforderlich machten.

Zusammensetzung des Spiritus: mit Methylalkohol vergällter Äthylalkohol.

Nr. 127. Terpentinersatz. Der die Substanz benutzende Arbeiter erkrankte an schweren Ekzemen.

Zusammensetzung der Probe: etwa 70% aliphatische und etwa 30% aromatische Kohlenwasserstoffe. Es handelt sich um ein sangajolartiges

Erdöldestillat mit besonders hohem Gehalt an aromatischen Verbindungen. Siedegrenzen 140—190°.

Nr. 131. Terpentinersatzmittel. Einige Arbeiterinnen, die mit dem Mittel zu tun hatten, erkrankten schwer.

Zusammensetzung der Probe: ein sangajolartiges Erdöldestillat mit etwa 26% aromatischen Kohlenwasserstoffen. Siedegrenze 150—180°.

Zusammenfassung.

Bei der Zusammenstellung dieser Untersuchungsbefunde fällt vor allem bei den Lacken und Lösungsmitteln die häufige Wiederkehr der Zusammenstellung von n-Butylacetat mit Benzol, Toluol und Xylol auf. Unter 27 Proben von Lacken und Lacklösungsmitteln waren 21, die diese Zusammenstellung aufwiesen.

Als hauptsächliche Krankheitserscheinungen werden Benommenheit (manchmal auch Ohnmacht), Kopfschmerzen, Magenbeschwerden (Appetitlosigkeit, Brechreiz usw.) angegeben. Wenn auch in einzelnen Fällen diese Erscheinungen auf den zum Teil hohen Gehalt der Lösungsmittel an Benzol und seinen Homologen zurückgeführt werden können, so hat es doch fast den Anschein, als ob gerade dieser Zusammenstellung aromatischer Kohlenwasserstoffe mit Butylacetat eine ungünstige Gesamtwirkung zukommt.

Während die Lacke und Lacklösungsmittel in erster Linie Störungen des Allgemeinbefindens verursachten, riefen die Beizen, Polituren und Terpentinersatzmittel hauptsächlich Hauterkrankungen hervor, für die bei den Beizen vornehmlich Chromate[1], bei den Terpentinersatzmitteln Erdöldestillate von der Art der Sangajole und Testbenzine als Ursache in Betracht kommen.

Gerade bei der Verwendung von sangajolartigen Erdöldestillaten und Testbenzinen dürfte sich besondere Vorsicht um so mehr empfehlen, als es den Anschein hat, daß sich neuerdings derartige Destillate mit höherem Gehalt an aromatischen Verbindungen im Handel befinden als früher. Ein seinerzeit von Lehmann[2] untersuchtes Sangajol (Terapin) enthielt nur etwa 6% aromatische Kohlenwasserstoffe, während später von uns Sangajole mit 14—17%, in neuester Zeit sogar sangajolartige Kohlenwasserstoffe mit einem Gehalt von 26—30% an aromatischen Verbindungen festgestellt wurden.

Soweit sich also aus dem uns vorliegenden Material Schlüsse ziehen lassen, läßt sich sagen, daß unter den gegenwärtig im Beiz-, Lackier- und Polierverfahren verwendeten Stoffen die folgenden am häufigsten zu Klagen Anlaß gegeben haben:

1. Mischungen von n-Butylacetat (die meist auch freien Butylalkohol enthalten) mit Benzol und dessen Homologen.
2. Sangajole und Testbenzine.
3. Chromate.

---

[1] Vgl. auch Engelhardt u. Mayer: Über Chromekzeme im graphischen Gewerbe. Arch. Gewerbepath. 2, 140 (1931); kurzer Auszug im Reichsarb.Bl. 11, III, 132 (1931).

[2] Arch. f. Hyg. 83, 239 (1914).

Verlag von Julius Springer / Berlin

Schriften aus dem Gesamtgebiet der Gewerbehygiene.
Herausgegeben von der Deutschen Gesellschaft für Gewerbehygiene in Frankfurt a. M., Platz der Republik 49.

Heft 11: **Die deutsche Bleifarbenindustrie vom Standpunkt der Hygiene.** Nach eigenen Untersuchungen 1921–1922. Von Geh. Hofrat Professor Dr. **K. B. Lehmann,** Direktor des Hyg. Inst. Würzburg. VI, 95 Seiten. 1925. RM 3.90*

Heft 12: **Theophrastus von Hohenheim genannt Paracelsus: Von der Bergsucht und anderen Bergkrankheiten.** Bearbeitet von Professor Dr. **Franz Koelsch,** Ministerialrat, München. Mit 1 Bildnis. VI, 70 S. 1925. RM 4.80*

Heft 13: **Über die Gesundheitsgefährdung bei der Verarbeitung von metallischem Blei** mit besonderer Berücksichtigung der Bleilöterei. Von Dr. med. **Hans Engel,** Berlin. IV, 40 Seiten. 1925. RM 2.70*

Heft 14: **Was muß der Arzt von der neuen Verordnung über die Einbeziehung der Berufskrankheiten in die Unfallversicherung wissen und welche Pflichten ergeben sich für ihn daraus?** Versicherungsrechtliche und ärztliche Hinweise. Unter Mitarbeit von Professor Dr. Hayo Bruns, Gelsenkirchen, Geh. Sanitätsrat Dr. Cramer, Cottbus, Dr. Martius, Berlin, Ministerialrat Professor Dr. Thiele, Dresden, herausgegeben von den **Fabrikärzten der chem. Industrie.** Mit 6 Abbildungen im Text und 1 Spektraltafel. IV, 72 Seiten. 1925. RM 4.50*

Heft 15: **Die deutsche Fabrikpflegerin.** Von Dr. **Ludwig Schmidt-Kehl,** Assistent am Hygienischen Institut der Universität Würzburg. 31 Seiten. 1926. RM 1.80*

Heft 16: **Gewerbestaub und Lungentuberkulose** (Stahl-, Porzellan-, Kohle-, Kalkstaub und Ruß). Eine literarische und experimentelle Studie von Professor Dr. med. **K. W. Jötten,** Münster i. W., und Dr. med. **W. Arnoldi,** Münster i. W. Mit 105 Abbildungen. VI, 256 Seiten. 1927. RM 27.—*

Heft 17: **Die Staublungenerkrankung (Pneumonokoniose) der Sandsteinarbeiter.** Von Professor Dr. **A. Thiele,** Ministerialrat, Dresden, u. Stadtmedizinalrat Dr. **E. Saupe,** Dresden. Mit 22 Abbildungen. III, 69 S. 1927. RM 6.90*

Heft 18: **Die Beseitigung der beim Tauch- u. Spritzlackieren entstehenden Dämpfe.** Bearbeitet von Oberregierungs- und -gewerberat **Wenzel,** Oberingenieur **Alvensleben,** Gewerberat a. D. Dr. **Witt,** Berlin. Zweite, neubearbeitete und ergänzte Auflage. Mit 36 Abbildungen. V, 47 Seiten. 1930. RM 3.90*

Heft 19: **Ergographische Studien über die Funktion der Handstrecker bei Arbeitern verschiedener Bleigefährdung.** Zugleich ein Beitrag zur Frage der Vergleichsmöglichkeit ergographischer Untersuchungen symmetrischer Muskelgruppen. Von Dr. med. **Carl E. Albrecht,** Bremen. Mit 20 Abbildungen. III, 62 Seiten. 1928. RM 6.—*

Heft 20: **Gewerbliche Augenschädigungen und ihre Verhütung.** Von Dr. med. **O. Thies,** Augenarzt in Dessau. Mit 35 Abb. IV, 43 Seiten. 1928. RM 4.80*

Heft 21: **Das Sandstrahlgebläse** unter besonderer Berücksichtigung der Maßnahmen zur Vermeidung von Schädigungen bei seiner Verwendung. Unter Mitwirkung von Reichsbahnrat E. Lehmann, Nied a. Main, Gewerberat W. Vogel, Halberstadt, bearbeitet von Oberregierungsgewerberat a. D. **K. R. Maukisch,** Leipzig, und Oberingenieur **H. Sperk,** Leipzig. Mit 44 Abbildungen. V, 46 Seiten. 1928. RM 5.70*

Heft 22: **Die Aschebeseitigung in Großkesselanlagen.** Unter Mitwirkung von Regierungs- und Gewerberat A. Pasch, Gumbinnen, Gewerberat D. Andresen, Berlin, Oberingenieur M. Schimpf, Essen, nebst Beiträgen von Gewerberat F. Budde, Bitterfeld, und Gewerberat Dr. A. Rosebrock, Köln, bearbeitet von **A. Rühl,** Ministerialrat, und **R. Schulte,** Direktor des Dampfkesselüberwachungsvereins der Zechen im Oberbergamtsbezirk Essen. Mit 23 Abbildungen. V, 46 Seiten. 1928. RM 4.80*

Heft 23: **Das Tiefdruckverfahren** unter besonderer Berücksichtigung der Maßnahmen zur Vermeidung von Schädigungen bei seiner Verwendung. Bearbeitet von Dr. **R. Krug,** Halle-Ammendorf, Dipl.-Ing. **Fr. Rothe,** Direktor der Deutschen Buchdrucker-Berufsgenossenschaft, Leipzig, und **J. Wenzel,** Oberregierungs- und -gewerberat, Berlin. Zweite, neubearbeitete und ergänzte Auflage. Mit 21 Abbildungen. VI, 35 Seiten. 1930. RM 3.60*

Heft 24: **Internationale Übersicht über Gewerbekrankheiten** nach den Berichten der Gewerbeaufsichtsbehörden der Kulturländer über die Jahre 1920–1926. Bearb. von Prof. Dr. **E. Brezina,** Wien. VI, 205 S. 1929. RM 12.—*

Heft 25: **Über die Gesundheitsverhältnisse der Arbeiter in der deutschen keramischen, insbesondere der Porzellan-Industrie** mit besonderer Berücksichtigung der Tuberkulosefrage. Von Prof. Dr. **K. B. Lehmann,** Geh. Rat, Direktor des Hygien. Instituts, Würzburg. 55 S. 1929. RM 3.60*

Auf alle vor dem 1. Juli 1931 erschienenen Bücher wird ein Notnachlaß von 10% gewährt.

Verlag von Julius Springer / Berlin

(Schriften aus dem Gesamtgebiet der Gewerbehygiene.)

Heft 26: **Gewerbestaub und Lungentuberkulose.** Zweiter Teil (Zement-, Tabak- und Tonschiefer-Staub). Von Professor Dr. med. **K. W. Jötten**, Münster i. Westf., und Dr. **Thea Kortmann**, Münster i. Westf. Mit einem Beitrag: Übt das Staubstreuverfahren in den Kohlenbergwerken einen schädigenden Einfluß auf die Gesundheit der Bergleute aus? Von Dr. G. Schulte, Leiter der Röntgenabteilung des Knappschaftskrankenhauses Recklinghausen. Mit 56 Abbildungen. IV, 125 Seiten. 1929. RM 21.—*

Heft 27: **Die soziale Hygiene in der badischen Bürstenindustrie.** Von Dr. **Artur Brandt**, Mühlhausen i. Thür. 59 Seiten. 1930. RM 7.80*

Heft 28: **Ärztliche Merkblätter über berufliche Erkrankungen** unter besonderer Berücksichtigung der Verordnung des Reichsarbeitsministers vom 11. Februar 1929 über Ausdehnung der Unfallversicherung auf Berufskrankheiten. Dritte Auflage. Unter Mitarbeit von Prof. Dr. Beck, Heidelberg; Gewerbemedizinalrat Dr. Beintker, Münster i. W.; Prof. Dr. Best, Dresden; Prof. Dr. Böhme, Bochum; Prof. Dr. Bruns, Gelsenkirchen; Prof. Dr. Chajes, Berlin; Prof. Dr. Holtzmann, Karlsruhe; Direktor Dr. Martius, Berlin; Dr. Ruge, Hamburg; Dr. Schultz, Charlottenburg; Professor Dr. Schwarz, Hamburg; Geheimrat Prof. Dr. Thiele, Dresden, herausgegeben von den **Fabrikärzten der chemischen Industrie.** Mit 12 Abb. im Text und 2 Tafeln. IV, 130 Seiten. 1930. RM 10.50*

Heft 29: **Toxikologie und Hygiene des Kraftfahrwesens.** (Auspuffgase und Benzine.) Von Prof. Dr. med. **E. Koeser**, Direktor des Pharmakol. Instituts der Universität Rostock, früherem Regierungsrat, Dr. phil. **V. Froboese**, Regierungsrat, Dr. phil. **R. Turnau**, Regierungsrat (im Reichsgesundheitsamt) und Prof. Dr. med. **E. Groß**, Dr. phil. **E. Kuß**, Dr. phil. **G. Ritter**, Prof. Dr.-Ing. **W. Wilke** (von der I. G. Farbenindustrie A.-G. Oppau und Ludwigshafen a. Rh.). Mit 23 Textabbildungen und 1 Tafel. VIII, 106 Seiten. 1930. RM 10.50*

Heft 30: **Das Gewerbeekzem.** Pathogenese. Diagnose. Versicherungsrechtliche Stellung. Von Privatdozent Dr. **Rudolf L. Mayer**, Breslau. Mit 2 Abbildungen. IV, 89 Seiten. 1930. RM 7.50*

Heft 31: **Das Augenzittern der Bergleute.** Seine soziale Bedeutung, Ursache, Häufigkeit und die durch das Zittern bedingten Beschwerden. Von Professor Dr. **M. Bartels**, Chefarzt der Städtischen Augenklinik Dortmund, und Dr. med. **W. Knepper**, Essen-Bredeney. Mit 19 Abbildungen. V, 49 Seiten. 1930. RM 6.90*

Heft 32: **Die Unfall- und Gesundheitsgefahren der Kältemaschinen.** Unter Mitwirkung von Gewerberat Blatter-Berlin bearbeitet von **J. Wenzel**, Oberregierungs- und -gewerberat, Berlin. Mit 25 Abbildungen. IV, 74 Seiten 1930. RM 6.90*

Heft 33: **Der Verlauf der Staublungenerkrankung bei den Gesteinshauern des Ruhrkohlengebietes.** Von Prof. Dr. **A. Böhme**, Bochum, und Dr. med. **C. Lucanus**, Wanne-Eickel. Mit 49 Abbildungen. III, 147 Seiten. 1930. RM 18.—*

Heft 34: **Die Verhütung von Staubexplosionen.** Ein Merkbuch für jeden Betriebsleiter. Von **Walter H. Geck**, Darmstadt. Mit 16 Abb. V, 67 S. 1931. RM 6.90*

Heft 35: **Die Verhütung von Gesundheitsschädigungen durch Anklopfmaschinen.** (Die Verhütung der Anklopferkrankheit.) Bearb. von Dr. **H. Gerbis**, Gewerbemedizinalrat in Berlin, **A. Gros**, Direktor des Württ. Gewerbe- und Handelsaufsichtsamtes Stuttgart, Dr. **F. K. Meyer-Brodnitz**, Leiter der gewerbehyg. Abt. beim Vorstand des Allgem. Deutschen Gewerkschaftsbundes, Berlin, Dipl.-Ing. **J. Robinson †**, Techn. Aufsichtsbeamter der Bekleidungsindustrie-Berufsgenossenschaft, Berlin. Mit 10 Abbildungen. 35 Seiten. 1931. RM 3.60

Heft 36: **Internationale Übersicht über Gewerbekrankheiten** nach den Berichten der Gewerbeaufsichtsbehörden der Kulturländer über die Jahre 1927 bis 1929. Bearbeitet von Prof. Dr. **Ernst Brezina**, Wien. VI, 162 S. 1931. RM 12.—

Heft 37: **Arbeitsmedizinische Studien** in Nord-Amerika und Süd-Afrika. Von Professor Dr. **Franz Koelsch**, Ministerialrat, München. V, 210 S. 1931. RM 14.50

Heft 38: **Die Unfall- und Gesundheitsgefahren in der Steinkohlenteerdestillation** nebst einigen Vorschlägen zu ihrer Bekämpfung. Von Dr. phil. Dr. med. h. c. **H. Leymann**, Geh. Oberregierungsrat, Berlin. Mit 2 Abbildungen. 39 Seiten. 1932. RM 3.60

Heft 39: **Gewerbestaub und Lungentuberkulose.** Dritter Teil: (Kalkstein-, Quarzschamotte-, Schamotte-, Thomasschlacken-, Bleiweiß-, Baumwolltextilstaub und Kühnsches Lungenpulver.) Von Professor Dr. med. **K. W. Jötten**, Münster i. W. Mit 55 Abbildungen. VI, 169 Seiten. 1932. RM 29.60

---

*Auf die vor dem 1. Juli 1931 erschienenen Bücher wird ein Notnachlaß von 10% gewährt.

MIX
Papier aus verantwortungsvollen Quellen
Paper from responsible sources
FSC® C105338

If you have any concerns about our products,
you can contact us on
ProductSafety@springernature.com

In case Publisher is established outside the EU,
the EU authorized representative is:
**Springer Nature Customer Service Center GmbH
Europaplatz 3, 69115 Heidelberg, Germany**

Printed by Libri Plureos GmbH
in Hamburg, Germany